复旦卓越·普通高等教育21世纪规划教材

动手做
电工电子实验指导书
（第二版） 符 庆 编著

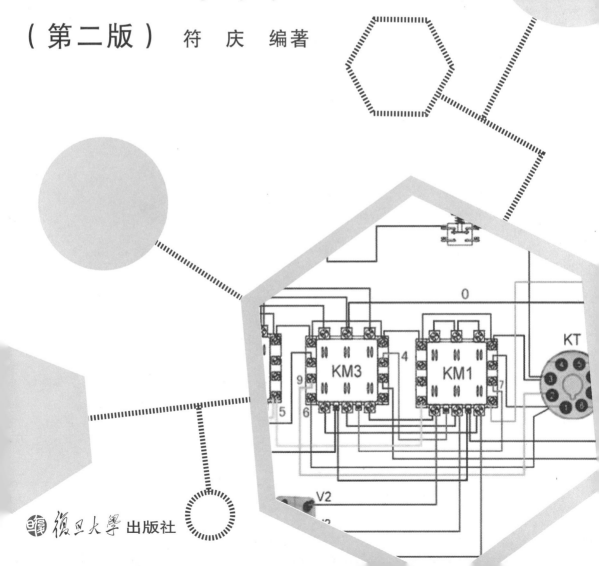

复旦大学出版社

内 容 提 要

本书针对高职高专院校学生的实际情况,本着学生易接受、掌握,知识内容适量、适用的原则,顺应"以工作过程为导向"的教材改革方向编写而成。实验内容由浅入深、循序渐进,设计了趣味性较强的电路,且具有一定的实用性,能帮助学生提高学习兴趣,增强综合实验和分析问题、解决问题的能力。

本书在第一版的基础上删减和增加了一些实验项目,使其更具实用性。

前言

　　本书根据教育部对高等职业教育的要求,针对高职高专院校学生的实际情况,本着学生能够接受、掌握,知识适量、适用的原则,顺应"以工作过程为导向"的教材改革方向编写而成。

　　在实验实训的安排上由浅入深、循序渐进,且有一定的先进性,内容实用;在动手制作方面,设计了趣味性、适用性较强的电路。不仅可使学生掌握有关理论知识,更重要的是可提高学生的学习兴趣,培养学生电气操作技能的综合素质和严谨的科学作风,增强学生的综合分析问题、解决问题的能力。

　　本书内容分为5部分:电工技术、模拟电子技术、数字电子技术、数模混合电子技术和晶闸管(可控硅)应用。

　　本书在原版的基础上,对实验内容进行了较大改动,删减了一些理论性内容较多的实验项目,增加了一些数模混合应用、晶闸管(可控硅)应用、操作技能等实验项目,使其更具实用性。并且,将原"动手制作小电路"的内容分插到各相应知识部分中。另外,将一些内容较多的实验拆分成若干个项目,这样更便于参阅。

　　本书可作为高职高专电子、电力能源类、通信类专业的电工、模拟电子技术、数字电子技术等课程的配套教材,并配有电子课件,请与责任编辑联系索取(Email:zzjlucky@yeah.net)。

　　本书由海南科技职业学院的符庆老师编著,由欧茂川高级工程师主审。

　　由于编者水平有限,书中难免有不足之处,恳请读者批评指正。

编者
2016 年 7 月

Contents
目　录

第一章 电工技术

数字多用表的使用

一、实验目的

(1) 了解数字多用表的原理、结构、性能及用途；

(2) 掌握使用数字多用表测量电阻、直流电压、直流电流、交流电压的方法。

二、实验原理

数字多用表有多种型号，不同型号面板、挡位略有不同。有的表设有专门的电源开关（"ON/OFF"按钮），而有的表的电源由功能选择旋钮（量程旋钮）控制（"OFF"为关闭，其他位置均为电源开通状态）。

图1-1所示为VC9802型数字多用表。

(1) 数字多用表由集成运算放大器、A/D（模/数）模块组成的运算放大电路

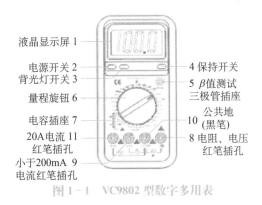

液晶显示屏 1

电源开关 2
背光灯开关 3

量程旋钮 6

电容插座 7

20A电流 11
红笔插孔

小于200mA 9
电流红笔插孔

4 保持开关

5 β值测试
三极管插座

公共地
10 (黑笔)

8 电阻、电压
红笔插孔

图1-1　VC9802型数字多用表

和模/数转换电路构成,将被测量的模拟量转换为数字量,在液晶显示屏上显示出来。

(2) 数字多用表内装有一个 9 V 叠层电池,不管使用哪个量程挡,都要用到该电池。而指针式万用表内装有一节 1.5 V 和一个叠层式 9 V 或 15 V 共两个电池,只有测量电阻时用到电池(×1 Ω 挡用 1.5 V,其他挡用 9 V 或 15 V),而用电流挡和电压挡时不接通电池。

(3) 数字多用表对其外部而言,又相当于一个内阻较大的电源,红表笔相当于电源"+"极,黑表笔相当于电源"-"极(这点与指针式万用表刚好相反)。

三、 实验设备

数字多用表、实验组件"MS-17综合实验模板"(或其他有关直流电测量的实验组件)、综合实验台或直流稳压电源、插接导线若干。

四、 实验内容及步骤

1. 数字多用表的自检

(1) 将测试棒(表笔)红、黑二短杆分别插入表正面上的"Ω/V"(红色)、"COM"(黑色)插孔内。

(2) 按"ON/OFF"按钮接通万用表电源,把功能选择旋钮(量程旋钮)旋至×1 Ω 量程挡(或声讯提示挡),将两支表笔短相接(持续不要太久),有声讯提示的表会发出"滴…"的响声,同时,液晶屏上显示的数值应接近 0(越接近 0 越好)。若数值较大,说明表内电池的电量低,应予更换。

2. 电阻的测量

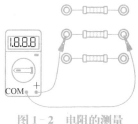

无论是分立元件还是在线测量,测量电阻值都必须在断电的情况下进行。

找到"MS-17综合实验模板"组件,该组件上有多个电阻(也可以用散件电阻),将两根表笔分别接在待测电阻的两端,如图1-2所示。如果液晶屏的最高位(左边第一位)显示"1",而后几位无显示,说明阻值超量程,要改变电阻量程挡使显示的数值接近满量程的 1/2~2/3 为佳。

图 1-2 电阻的测量

分别测量 5 个不同阻值的电阻,把测量读出的电阻值填入表1-1中,并与标称值比较。

注意:测量电阻时不要两只手同时接触两支表笔的金属部分,否则所测得的读数会比电阻的实际阻值小。

表 1-1

项目		万用表量程	测量值	标称值	误差
电阻值	电阻 1				
	电阻 2				
	电阻 3				
	电阻 4				
	电阻 5				

3. 直流电压的测量

(1) 用实验组件"MS-17 综合实验模板",找到电阻（R 分别用 1 k 和 510 Ω）、发光二极管 LED,用插接导线连接成如图 1-3 所示电路。

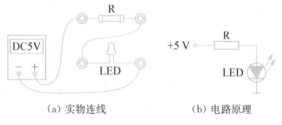

(a) 实物连线   (b) 电路原理

图 1-3 直流电压测量电路

(2) 把直流稳压电源调到 5 V,然后接通电路,观察 LED 是否亮。若不亮,则需要检查并修正（注意 LED 是否接反）。

(3) 把表量程旋钮旋至合适的直流电压挡（例如 20 V 挡）,将红表笔接在高电位端,黑表笔接在低电位端,如图 1-4 所示。分别测量电源电压（＋端到一

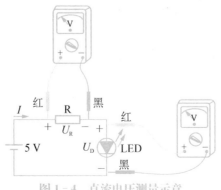

图 1-4 直流电压测量示意

端),电阻 R 两端、发光二极管 LED 两端的电压,读出测量结果,并填入表 1－2 中。

注意:

(1) 如果液晶屏的最高位显示"1",而后几位无显示,说明被测电压已超量程,要改变电压量程挡使显示的数值接近满量程的 1/2～2/3 为佳。

(2) 在未知电源电压(或无法估计)的情况下,应先将电压表的挡位置于电压最大挡。

(3) 如果红、黑表笔调换,测量值会出现"－"数(负数)。

表 1－2

	电阻值	万用表量程	电源电压	R 的端电压	LED 的端电压
直流电压	1 kΩ				
	510 Ω				
交流电压(市电插座)				理论值: 220 V	

4. 交流电压的测量(注意安全!)

把表换挡到交流电压 700 V 挡,测量市电(插座)电压,并记录到表 1－2 中。

5. 直流电流的测量

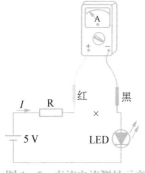

图 1－5 直流电流测量示意

(1) 连接图 1－3 所示电路,其中 R 分别取值为 1 k 和 510 Ω。

(2) 把直流稳压电源调到 5 V,然后接通电路,观察 LED 是否亮。若不亮,则需要检查并修正(注意 LED 是否接反)。

(3) 调换红表笔插孔,量程拨到直流电流 20 mA 挡。把表串入电路,测量直流电流,并记录到表 1－3 中。

表 1－3

	电阻值	表的量程	测量值		电流的计算值	误差
			电流	R 的端电压		
直流电流	1 kΩ					
	510 Ω					

五、 实验报告要求

(1) 绘制表 1-1、表 1-2、表 1-3,并将实验数据填入其中。

(2) 画出所连接的电路原理图。

(3) 回答下列问题:

① 表的读数应在满量程的哪个部分时,所测得的结果最准?

② 数字多用表与指针式多用表的主要不同是什么?

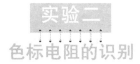

实验二
色标电阻的识别

一、 实验目的

(1) 了解电阻器;

(2) 学会读取色标电阻阻值;

(3) 加深掌握用数字多用表测量电阻的方法。

二、 实验原理

在电路中,具有电阻性能的实体元件称为电阻器。电阻器是一种线性元件,电阻两端的电压与通过电阻的电流符合欧姆定律($R = U/I$)。

电阻器是组成电路的基本元件之一。在电路中,电阻器用来稳定和调节电流、电压,组成分流器和分压器,起到限流、降压、去耦、偏置、负载、匹配、取样等作用。电阻器还可以用来调节时间常数、抑制寄生振荡等。

电阻器上所标示的名义阻值称为标称阻值。电阻器不可能做到要什么阻值就有什么样的阻值,为了既满足使用者对规格的各种要求,又便于批量生产,使规格品种简化到最低程度,国家规定只按一系列标准化的阻值生产,这一系列阻值叫做电阻器的标称阻值系列,见表 2-1。

电阻器的实际阻值很难做到与标称阻值完全一致,允许有一定差别,称为允许偏差。

表 2 - 1

系列	偏差	电阻的标称值系列						
E24	±5%	1.0 1.1 1.2 1.3 1.5 1.6 1.8 2.0 2.2 2.4 2.7 3.0 3.3 3.6 3.9 4.3 4.7 5.1 5.6 6.2 6.8 7.5 8.2 9.1						
E12	±10%	1.0 1.2 1.5 1.8 2.2 2.7 3.3 3.9 4.7 5.6 6.8 8.2						
E6	±20%	1.0 1.5 2.2 3.3 4.7 6.8						

电阻器的额定功率指电阻器在直流或交流电路中,在正常大气压力(86～106 kPa)及额定温度条件下,能长期连续负荷而不损坏或不显著改变其性能所允许消耗的最大功率。在电路图中表示电阻器额定功率的图形符号,如图 2 - 1 所示。

| 1/4 W | 1/2 W | 1 W | 2 W | 5 W | 10 W |

图 2 - 1 电阻器额定功率符号

电阻器可分为固定电阻器、可变电阻器和敏感电阻器三大类。常用的电阻器的电路图形符号,如图 2 - 2 所示。

电阻器　　电位器　　可调电阻器　　微调电阻器　　敏感电阻器

图 2 - 2 电阻器符号

色标电阻器是在电阻器的表面印刷几条色环,以色环来标示其标称阻值。色标电阻有四色环和五色环两种,如图 2 - 3 所示,五色环电阻较四色环电阻精

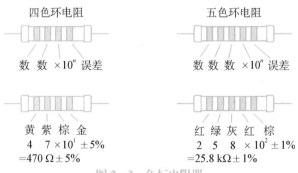

四色环电阻　　　　　　　　　五色环电阻

数 数 ×10^n 误差　　　　　数 数 数 ×10^n 误差

黄 紫 棕 金　　　　　　　　红 绿 灰 红 棕
4　7 ×10^1 ±5%　　　　　 2 5 8 ×10^2 ±1%
=470 Ω±5%　　　　　　　　 =25.8 kΩ±1%

图 2 - 3 色标电阻器

密。常用四色环电阻的末位色环为金色（表示误差为±5%），五色环电阻的末位色环为棕色（表示误差为±1%），它们的阻值标称规则如下：

(1) 数值色环：银　金　黑　棕　红　橙　黄　绿　蓝　紫　灰　白

　　对应数 n：－2　－1　0　1　2　3　4　5　6　7　8　9

(2) 误差颜色：　银　　　金　　　棕

　　对应误差：±10%　±5%　±1%

三、 实验设备

实验组件"MS－17 综合实验模板"（或散装电阻）、数字多用表。

四、 实验内容及步骤

(1) 找出实验组件"MS－17 综合实验模板"（或散装电阻），不要接电源。

(2) 按色标的标称规则分别读出各电阻的标称值，然后用数字多用表分别测量它们的阻值，再对比验证，看读数是否正确。

(3) 将其中任意 3 个电阻的标称值和测量值填入表 2－2 中。

表 2－2

	电阻 1	电阻 2	电阻 3
色环颜色			
标称值			
测量值			
两者误差			

五、 实验报告要求

(1) 写出色标电阻的阻值标称规则。

(2) 绘制表格，将实验数据填入其中。

(3) 回答问题：测电阻时，为何不能两只手同时接触两支表笔的金属部分？

实验三
基尔霍夫定律的验证

一、 实验目的

（1）加深对基尔霍夫定律的理解；
（2）掌握支路电流的测量方法；
（3）掌握稳压电源、万用表的使用。

二、 实验内容

（1）连接电路；
（2）测量电路电流、电压；
（3）比较计算值与测量值，验证基尔霍夫定律。

三、 实验原理

1. 基尔霍夫电流(KCL)定律

对任何节点，在任一瞬间，流入节点的电流等于流出节点的电流。在图 3 - 1 所示的电路中，有 $I = I_1 + I_2$。

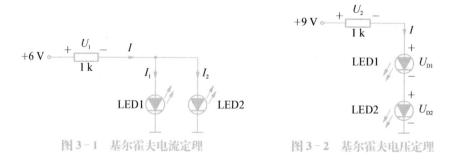

图 3 - 1　基尔霍夫电流定理　　　　　　图 3 - 2　基尔霍夫电压定理

2. 基尔霍夫电压(KVL)定律

沿电路中的任一闭合回路绕行一周，其电压的代数和为零，即 $\sum = 0$。如图 3 - 2 所示的电路中，有 $U_2 + U_{D1} + U_{D2} - 9 = 0$，即 $U_2 + U_{D1} + U_{D2} = 9$ V。

四、 实验设备

数字多用表、综合实验台、实验组件"MS-17综合实验模板"、插接导线若干。

五、 实验步骤

1. KCL 定律验证

（1）找到实验组件"MS-17综合实验模板"，用插线连接如图 3-1 所示的电路。

（2）把实验台上的直流稳压电源调到电路要求值，然后接通电路。观察 LED 是否亮，若不亮则需要检查并修正。

（3）分别测量 U_1 和 I、I_1、I_2，并记录到表 3-1 中。

2. KVL 定律验证

（1）用插线连接如图 3-2 所示的电路。

（2）把直流稳压电源调到电路要求值，然后接通电路。观察 LED 是否亮，若不亮则需要检查并修正。

（3）分别测量 U_2、U_{D1}、U_{D2} 和 I，并记录到表 3-1 中。

3. 计算物理量

按表 3-1 要求，计算出相关物理量的值，并与测量值比较。

4. 扩展电路验证

（1）用插线连接如图 3-3 所示的电路。

（2）把直流稳压电源调到 6 V，然后接通电路。观察 LED 是否亮，若不亮则需要检查并修正。

（3）分别测量 U_{CE} 和 I_B、I_C、I_E，并记录到表 3-2 中。

（4）用插线将 B、E 短路，观察 LED 的亮灭状态，并测量上述物理量记录到表 3-2 中。

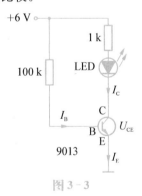

图 3-3

六、 实验记录

表 3-1

	测 量 值				计算值	两者误差
图 3-1 电路	U_1	I_1	I_2	$I = I_1 + I_2$	$I = U_1/1\,\mathrm{k}$	
图 3-2 电路	U_2	U_{D1}	U_{D2}	电源电压	$U_2 + U_{D1} + U_{D2}$	

表 3 - 2

	观察	测量值				计算值	两者误差
电路状态	LED 状态	U_{CE}	I_B	I_C	I_E	$I_B + I_C$	$I_E - (I_B + I_C)$
正常工作							
短路 B、E							

七、 实验报告要求

（1）画出所连接的电路原理图。

（2）绘制表 3-1、表 3-2,并把测量数据及计算值填入表中。

（3）比较测量值与计算值,验证 $I = I_1 + I_2$、$I_B + I_C = I_E$ 是否成立。

实验四

日光灯的安装和功率因数的提高

一、 实验目的

（1）了解日光灯电路的工作原理和各元件的作用;

（2）掌握日光灯电路的连接方法;

（3）明确交流电路中电压、电流和功率之间的关系;

（4）理解提高功率因数的方法,掌握交流电功率的测量方法;

（5）了解电子镇流器的工作原理。

二、 实验原理

1. 日光灯电路

图 4-1 所示是日光灯电路接线图,电路中灯管和镇流器串联构成一个感性负载。图 4-2 所示是等效电路,由镇流器的线电阻 R_L、镇流器的电感 L、灯管的等效电阻 R_D 串联组成。

2. 日光灯管

日光灯管的结构如图 4-3 所示,在玻璃灯管内壁涂有一层很薄的荧光粉,密封的灯管内充有惰性气体(氩气)和少量水银;灯管两端各装有灯丝,灯丝上涂有一层氧化物,通电发热后会发射电子。灯管点亮前,管内气体未被电离,处于高阻断状态。灯管点亮后,管内气体被电离,从而转为低阻导状态,若不加限流装置,会有过大电流流过灯管,将灯管烧坏。

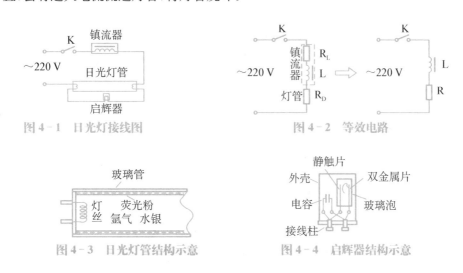

图 4 - 1 日光灯接线图   图 4 - 2 等效电路

图 4 - 3 日光灯管结构示意   图 4 - 4 启辉器结构示意

3. 镇流器

镇流器实际上是一个铁芯电感线圈。日光灯电路刚接通电源时,镇流器两端产生很高的感应电动势,该电动势与220 V电源叠加后共同加于灯管两端的灯丝之间,使灯管启辉点亮。灯管点亮后,镇流器又作为交流电路的阻抗,起着降压限流的作用。

4. 启辉器

启辉器相当于一个自动开关,用于瞬时接通和断开由灯丝和镇流器构成的通路,借助镇流器的感应电动势促使灯管起燃,其结构如图图4 - 4所示。在充有惰性气体(氖气)的密封玻璃泡内,装有静触片和动触片。动触片是由两种热膨胀系数不同的金属片制成,呈倒 U 形,倒 U 形内层的金属材料热膨胀系数高。在启辉器辉光放电时,放电产生的热量加热金属片,双金属片伸张开,与静触片接通。辉光放电停止后,双金属片冷却收缩,触点断开。

5. 电路工作原理

在图 4 - 1 所示的电路中,当刚接通开关 K 时,启辉器的双金属片处于断开状态,电路未构成闭合回路,没有电流。这时,电源电压经镇流器、灯管灯丝全部加在启辉器的动触片和静触片之间,使触片间的氖气电离而产生辉光放电,放电产生的热量加热金属片,双金属片伸张开且与静触片接触,电路接通,电流流过灯管灯丝。灯丝通电发热后发射电子,并且加热管内气体。同时,启辉器因动、静触片接触,辉光放电停止,双金属片冷却收缩,触点断开。启辉器触点断开瞬间,镇流器绕组上产生很高的感应电动势,该电动势与220 V电源叠加后共同加于灯管两端的灯丝之间,使管内氩气电离放电,灯管内温度升高,水银受热转化成水银蒸气。此时,灯丝发射出的电子撞击水银蒸气,从而使灯管由氩气放电过渡为水银蒸气放电,放电辐射的紫外光激励灯管内壁的荧光粉发出可见光。

灯管的启辉电压在400~500 V之间,起辉后管降压约为110 V左右（40 W日光灯的管压降）,所以日光灯不能直接在220 V的电压上使用。

6. 功率因数的提高

在交流电路中,功率因数的大小将关系到电源设备及输电线路能否得到充分利用。而图4-1所示的日光灯电路,是电感性负载电路,其功率因数较低。从供电方面来看,在同一电压下输送给负载一定大小的有功功率时,所需的电流就较大（因为 $P = UI\cos\Phi$, $I = P/U\cos\Phi$,功率因数 $\cos\Phi$ 越小,电流 I 就越大）。因此,提高电路的功率因数的方法是在电路中并联一电容。

对于原感性负载来说,所加电压和负载参数均未改变,即没有改变电路的工作情况。但并联电容后,由于 I_c 的出现,电路的总电流减小了。图4-5所示为日光灯电路的交流分析图。

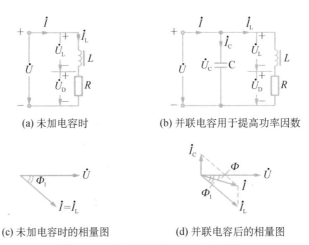

(a) 未加电容时　　　　　　　　(b) 并联电容用于提高功率因数

(c) 未加电容时的相量图　　　　(d) 并联电容后的相量图

图4-5　日光灯电路的交流分析图

综上所述,并联电容前后,电源向外供出的有功功率未变,总电流却因并联电容而减小,因而减小了电路上的功率损耗,提高了传输电能的效率,意义十分重大。

7. 功率的测量

功率的测量接线,如图 4-6 所示。

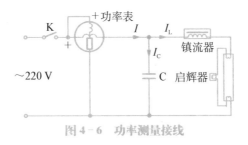

图 4-6　功率测量接线

三、 实验设备与器材

日光灯实验组件、数字万用表、4 μF/400 V 电容、功率表。

四、 实验内容及步骤

(1) **注意安全!** 切勿用手或螺丝批等金属物碰触到 220 V 电源。

(2) 准备好实验器材,连线前先测量镇流器的线阻 R_L,填入表 4-1 中。

(3) 按图 4-1 接好电路,检查无误后通电,灯管应能点亮。

(4) 按表 4-1 所列的测量项目,逐一测量,并将测量结果填入表中。

表 4-1

测量项目	R_L	市电 U	镇流器 U_L	灯管亮 U_D	总电流 I	灯管启动 $U_启$
测量结果						

(5) 在图 4-1 电路的基础上并联电容 C,如图 4-5(b) 所示。检查无误后,通电点亮灯管。

(6) 按表 4-2 所列的测量项目,逐一测量,并将测量结果填入表中($\cos \Phi$ 为计算值)。

表 4-2

测量项目 电容状态	市电 U	镇流器 U_L	灯管 U_C	电流 I_L	电流 I_C	总电流 I	功率 P	$\cos \Phi = \dfrac{P}{UI}$
不接电容								
接电容(4 μF)								

若要测量灯管的功率,可将功率表接于镇流器之后。如欲计量电路消耗的电功,可用电度表替代功率表。

五、 实验报告要求

(1) 将实验数据填入表 4-1 和表 4-2 中。

(2) 从表中数据求出日光灯电路在接电容和不接电容两种状态时的功率因数,从中理解如何提高电路的功率因数。

(3) 回答下列问题:

① 分析表 4-2 的数据,并联电容器后,有功功率 P 是否变化? 为什么?

② U_L(有效值)和 U_D(有效值)之和为什么大于 U?

附一 电子镇流器

1. 电子镇流器工作原理

由铁心线圈电感组成的镇流电路,电路简单,几乎可以在所有的气体放电灯场合应用,因此应用广泛。但电感镇流具有以下缺点:

(1) 由于电路中有一个电感,所以灯电压、灯电流之间有一个相位差,造成电路的功率因数较低(一般在 0.5 左右)。

(2) 灯的启动点火电流较大,一般是灯额定工作电流的 1.5 倍。

(3) 灯工作电流对电源供电电压的变化较敏感,故镇流效果不太稳定。

(4) 有 50 Hz 工频噪声。

(5) 电感镇流器的体积大、重量重,大量使用时耗费金属。

采用高频电子镇流器可以提高灯管的发光效率,没有电感镇流器特有的50 Hz工频噪声,减小了镇流器的体积和重量。高频电子镇流器和普通电感镇流器在使用时可以互换,易于实现智能控制(如 DALI),在工厂、办公楼、家庭等应用场合,政府也在大力推广节能灯(节能灯实际上就是小功率的日光灯,使用的就是电子镇流器),因此,高频电子镇流器有很大的市场。

从工作原理而言,电子镇流器是一个电源变换电路,它将交流输入市电电源的波形、频率和幅度等参数变换,为灯负载提供供电电源。并且要求这个电源电路应能满足灯负载对灯丝预热、点火、正常工作,在灯负载电路有故障时有保护功能。常用的电子镇流器直流/交流变换电路(DC/AC),如图 1 所示。

电子镇流器的典型技术指标有功率因数、总谐波失真(THD)、波峰因数(CF)、灯管的灯丝预热(如灯丝预热时间、灯管预热电压)、灯管开路电压、灯管点火电压、灯管工作电压等参数。

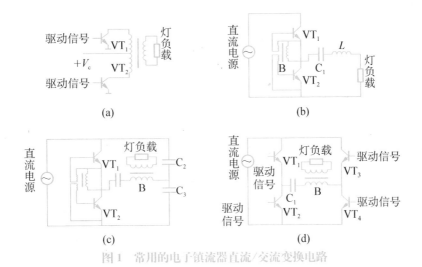

图 1 常用的电子镇流器直流/交流变换电路

从电子镇流器的噪声角度而言,电子镇流器的工作频率应大于 20 kHz。但是从降低镇流电感磁芯的高频损耗的角度而言,电子镇流器的工作频率又不能选得太高,一般不应大于 100 kHz(同时要避开家用电器红外遥控电路工作频段的 30～40 kHz 这个频率范围)。

2. 电子镇流器的典型电路与工作原理

电子镇流器的典型电路,如图 2 所示。启动电路由 R_1、C_1 和 VD_2 组成,为电路的起振提供工作条件。电路振荡起来后,电路维持振荡是通过振荡线圈 T_{1a}、T_{1b} 和 T_{1c} 所提供的正反馈来实现的。

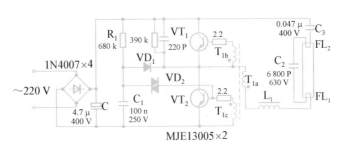

图 2 典型半桥谐振式高频交流电子镇流器电路

当电路加电后,流经电阻 R_1 的电流对电容 C_1 充电,当电容 C_1 两端的电压达到双向触发二极管 VD_2 的触发电压(大约为 35 V 左右)时,VD_2 雪崩击穿,这时电容 C_1 通过开关管 VT_2 的基极→发射极放电,致使 VT_2 导通。电流路径如图 3(a)所示,为:$+V_{cc}$→C_3→灯丝 FL_2→C_2→灯丝 FL_1→镇流电感 L_1→T_1 初

级线圈 T_{1a}→VT_2 的集电极→VT_2 的发射极→地(C_3、C_2 充电)。VT_2 集电极电流的瞬时变化量通过振荡线圈 T_{1a} 的两个次级绕组 T_{1b} 和 T_{1c} 产生相应的感应电动势,由于线圈同名端的作用,使 VT_2 的基极电位升高,基极电流和集电极电流进一步增大(这是一个正反馈过程),VT_2 迅速进入饱和导通状态。

当开关管 VT_2 达到饱和后,线圈 T_{1a}、T_{1b} 和 T_{1c} 中的感应电动势为零,VT_2 的基极电位开始下降,I_{b2} 下降,致使 I_{c2} 下降,而这时 VT_1 的基极电位开始上升,这种变化由于正反馈的作用,使 VT_2 截止、VT_1 饱和导通,在 VT_1 饱和导通期间,C_2、C_3 放电。电流通路如图 3(b)所示,为:C_2→灯丝 FL_2→C_3→VT_1 的集电极→VT_1 的发射极→T_{1a}→L_1→灯丝 FL_1→C_2。当 VT_1 饱和导通后,导致振荡正反馈变压器 T_1 又进入磁饱和状态,同样由于 T_1 的正反馈又重新使 VT_2 饱和、VT_1 截止。如此周而复始,VT_1 和 VT_2 交替饱和、截止,使电路进入振荡工作状态,通过 L_1 和 C_2 组成的谐振电路发生串联谐振,在谐振电容 C_2 的两端产生一个高电压脉冲加到灯管两端,使灯负载点火,一旦灯完成点火工作,灯负载的等效电阻急剧变小,致使谐振电容 C_2 上的电压下降,转而进入灯负载的正常工作状态。

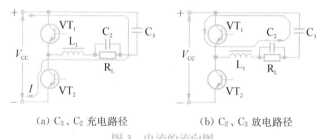

(a) C_3、C_2 充电路径　　　　(b) C_2、C_3 放电路径

图 3　电流的流向图

对这种电路,由于某种原因(如灯漏气)灯负载不能正常启动,或由于启动缓慢以致不能启动,电路将会出现很大的电应力,损坏 VT_1 或 VT_2(或其他元件损坏)。

实验五

三相交流电路

一、实验目的

(1) 熟悉三相交流电路负载的星形(Y)和三角形(△)接法;

（2）验证线电压与相电压、线电流与相电流的关系；

（3）观察三相四线制供电系统中，不对称负载星形连接时中性线的作用；

（4）学习用交流法判断变压器绕组的同极性端。

二、 实验原理

三相电路中，负载的连接方式有星形连接和三角形连接两种。星形连接时，根据需要可采用三相三线制和三相四线制供电；三角形连接时，只能采用三相三线制供电。目前，我国低压配电使用的是 380 V 三相四线制供电系统。通常单相负载的额定电压为 220 V，因此要接在相线和中线之间，并尽可能使电源各相负载均衡、对称。

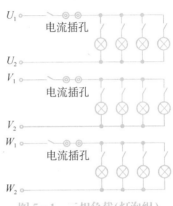

图 5 - 1　三相负载(灯泡组)

实验中，由白炽灯组成的三相负载如图 5 - 1 所示，每相负载中已接入一个电流插孔，用于测量每相的相电流。

（1）三相对称负载作三角形连接时，如图 5 - 2 所示，有 $U_L = U_P$, $I_L = \sqrt{3}\,I_P$。不对称（Z_A、Z_B、Z_C 不相等）三相负载作三角形连接时，$I_L \neq \sqrt{3}\,I_P$，但只要线电压对称，加在三相负载上的电压仍是对称的。

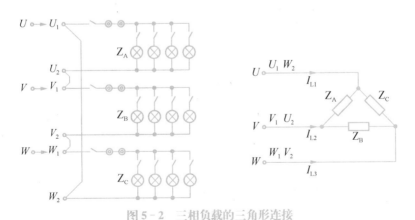

图 5 - 2　三相负载的三角形连接

（2）三相对称负载作星形连接时，如图 5 - 3 所示，有 $U_L = \sqrt{3}\,U_P$, $I_L = I_P$。

（3）不对称三相负载作星形连接时，应采用三相四线制供电线路，以保证三

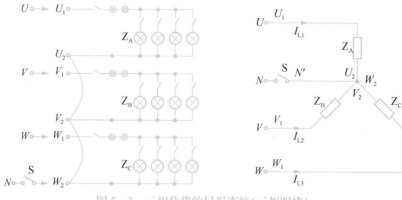

图 5 - 3   三相负载的星形连接(三相四线)

相不对称负载的每相电压仍保持对称。

四、 实验设备与器材

三相白炽灯负载组件、数字多用表、连接插线。

五、 实验内容与步骤

注意：本实验使用的电源电压较高,学生必须遵守先接线后通电、先断电后拆线的实验操作原则。

1. 负载的三角形连接

(1) 图 5 - 2 所示为三相负载的三角形连接,按图示接好线路。

(2) 测量各线电压、相电压、线电流、相电流,并将数据填入表 5 - 1 中,验证相电流与线电流、相电压与线电压的关系。

(3) 将三相负载分别改为 1、2、3 盏灯,测量各线电压、线电流、相电压、相电流,将数据填入表 5 - 1 中。

表 5 - 1

负载情况	线电压	相电压	线电流	相电流	电压关系	电流关系
	U_{UV}	U_U	I_{UV}	I_U	U_{UV}/U_U	I_{UN}/I_U
对称						
非对称						

2. 负载的星形连接

（1）按图 5-3 所示接好线路。

（2）每相开 3 盏灯（负载对称）。

（3）测量各线电压、线电流、相电压、中线电压；断开开关 S，观察灯泡亮度是否有变化，同时再测量各线电压、线电流、相电压、中线电压，并将数据填入表 5-2 中，验证相电流与线电流、相电压与线电压的关系。

（4）将三相负载分别改为 1、2、3 盏灯，闭合开关 S，测量各线电压、线电流、相电压、中线电流；断开开关 S，再测量各线电压、线电流、相电压、电源中性点 N 与负载中性点 N′ 之间的电压 $U_{NN'}$，将测量结果填入表 5-2 中。开关 S 闭合和断开时，观察灯泡亮度有无变化。

注意：开关断开时 S 测量动作要迅速，不平衡负载无中线时，有的相电压太高，容易烧毁灯泡。

表 5-2

负载情况		线电流				线电压			相电压			中线电压	电压关系	电流关系
		I_U	I_V	I_W	I_0	U_{UV}	U_{VW}	U_{WU}	U_U	U_V	U_W	U_{NN}	U_{UV}/U_U	$I_线/I_相$
对称	有中线											/		
	无中线				/									
非对称	有中线											/		
	无中线				/									

六、实验报告要求

（1）在表 5-1、表 5-2 中填入测量数据，用实验数据说明对称负载三角形（△）连接时线电流（I_L）与相电流（I_P）的关系，对称负载星形（Y）连接时线电压（U_L）与相电压（U_P）的关系。

（2）从实验中总结出三相四线制线路中，三相负载不对称时中性线的作用。

（3）不对称负载作三角形连接时，分析线电流是否相等、线电流与相电流之间是否成固定的比例关系。

实验六
变压器的测试

一、 实验目的

(1) 熟悉变压器的接线端子;

(2) 掌握变压器的降压、升压作用;

(3) 掌握变压器的同名端(同极性端)的应用;

(4) 学习用交流法判断变压器绕组的同极性端。

二、 实验内容

(1) 测量变压器各绕组的直流电阻值;

(2) 验证变压器的降压、升压作用,测试同名端的应用;

(3) 用交流法判断变压器绕组的同极性端。

三、 工具、仪器设备

实验组件"DG‐11 电工综合实验模板"、万用表、插线若干。

四、 实验原理

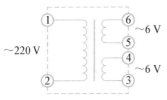

图 6‐1 变压器的电气结构、接线端子

(1) 实验组件"DG‐11 电工综合实验模板"中,变压器的电气结构、接线端子如图 6‐1 所示。

(2) 各绕组线圈的直流电阻值:$R_{初级} = 800\ \Omega \sim 1\ k\Omega$,$R_{次级}$ 从几欧到几十欧。

五、 实验步骤

(1) 测量变压器各绕组的直流电阻值,将数据记于表 6‐1 中,并据此判断变压器的好坏。

(2) 把指示灯 H_1、H_2 分别接到变压器的两个次级,然后通电,观察指示灯是否点亮,如图 6‐2 所示。

(3) 在上一步骤的基础上,测量各组级的电压,并将数据记于表 6‐1 中。

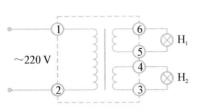

表 6-1

	直流电阻值	交流电压
初级绕组(1、2 端)		
次级绕组(3、4 端)		
次级绕组(5、6 端)		

图 6-2 变压器的测试

（4）验证变压器的降压和升压作用、可逆性、同名端的作用：

① 按图 6-3 所示接线，测量 U_{O1} 并记于表 6-2 中。

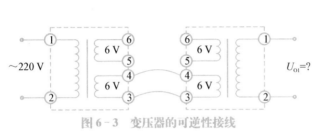

表 6-2

	测量值
可逆性	$U_{O1}=$
异名端串接	$U_{O2}=$
同名端串接	$U_{O3}=$

图 6-3 变压器的可逆性接线

② 分别按图 6-4、图 6-5 所示接线，测量 U_{O2}、U_{O3} 并记于表 6-2 中。

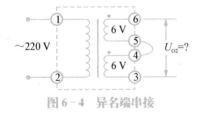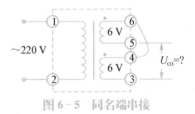

图 6-4 异名端串接   图 6-5 同名端串接

（5）用交流法判断变压器同极性端（也称同名端）。

如图 6-6 所示，变压器次级空载，将初级的其中一端与次级的其中一端相连，加电测量变压器各端子之间电压 U_{12}、U_{34}、U_{14}，并记于表 6-3 中。

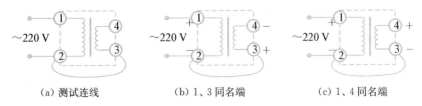

（a）测试连线   （b）1、3 同名端   （c）1、4 同名端

图 6-6 变压器同极性端的判断

① 若 $U_{14} = U_{12} + U_{34}$，则 1、3 为同极性端,如图(b)所示;

② 若 $U_{14} = U_{12} - U_{34}$，则 1、4 为同极性端,如图(c)所示。

表 6-3

U_{12}	U_{34}	U_{14}	计算值	判断同名端
			$U_{12} + U_{34} =$ $U_{12} - U_{34} =$	和

六、 实验报告要求

按要求将记录测量数据填入表 6-1、表 6-2、表 6-3 中,完成表 6-3 的计算,并根据数据判断变压器的同名端(同极性端)。

实验七
三相异步电动机的基本使用

一、 实验目的

(1) 了解三相异步电动机的铭牌数据;

(2) 掌握电动机的两种连接法;

(3) 了解按钮、交流接触器和热继电器等几种常用控制电器的用途和使用方法;

(4) 熟悉三相异步电动机几种基本运行方式;

(5) 掌握三相异步电动机的直接运转、点动、连动的控制线路搭建。

二、 实验内容

(1) 读取三相异步电动机的铭牌数据;

(2) 学习电动机的两种连接法;

(3) 学习电动机的直接运转控制、点动控制、连动控制。

三、 实验原理

1. 三相异步电动机的连接

图 7-1 所示为电动机接线盒端钮排列。

(1) Y 形连接(星形连接):将 3 个末端(或首端)连接在一起,3 个首端(或末端)接三相电源,如图 7-2 所示。

(2) △形连接(三角形连接):将第一相的首端与第三相的末端接在一起,第二相的首端与第一相的末端接在一起,第三相的首端与第二相的末端接在一起,然后从 3 个连接点引 3 根线接到三相电源,如图 7-2 所示。

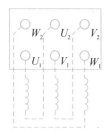

定子绕组内部连线

图 7-1 三相电动机的接线端子

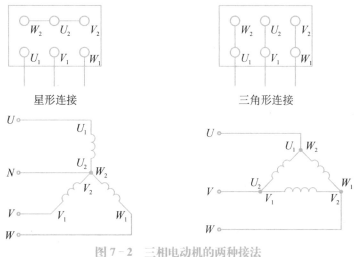

星形连接   三角形连接

图 7-2 三相电动机的两种接法

注意:一台电动机采用什么接法,一看电动机绕组的耐压和电源电压的大小关系,二看实际需要。

2. 三相异步电动机的运转控制

用三刀开关(Q)、热继电器(FR)、交流接触器(KM)和按钮(SB)等控制电器实现对电动机控制,称为继电接触器控制。任何复杂的控制电路都由一些基本的电路组成,而三相异步电动机的直接起动控制电路是最基本的控制电路。

(1) 最简单的直接运转控制电路,如图 7-3 所示。

(2) 点动控制(无自锁,按 SB 启动,松开即停)电路,如图 7-4 所示。

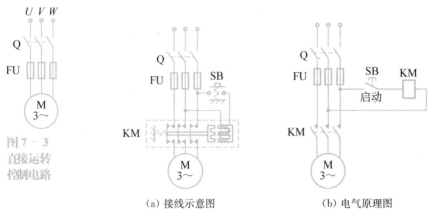

图 7 - 3
直接运转
控制电路

（a）接线示意图　　　　　　　（b）电气原理图

图 7 - 4　点动控制电路

（3）带过热保护的点动控制（无自锁，按 SB 启动、松开即停）电路，如图 7 - 5 所示。

注意：点动控制可不加过热保护，此处是为了循序渐进地学习而加。

（4）带过热保护的连动控制（互锁，SB₁ 启动，SB₂ 停止）电路，如图 7 - 6 所示。

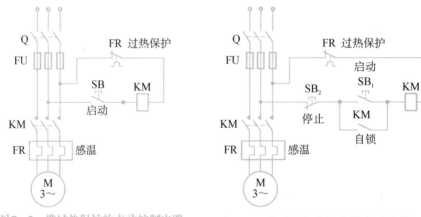

图 7 - 5　带过热保护的点动控制电路

图 7 - 6　带过热保护的直接起动连续运转
控制电路

3. 故障分析方法

（1）接通电源后，按起动按钮 SB 或 SB₁，若接触器动作，而电动机不转，说明主电路中有故障；如果电动机伴有"嗡嗡"声，则可能有一相电源断开。检查主电路的熔断器、主触点 KM 是否良好，热继电器 FR 是否正常，连接导线是否断线，连接点是否接触良好等。

（2）接通电源后，按起动按钮 SB 或 SB₁，若接触器不动作，说明控制电路有故障。检查热继电器复位按钮是否正常，停止按钮 SB₂ 接触是否良好，线圈及导线是否断线等。

四、 实验预习内容

（1）了解三相异步电动机铭牌数据的意义以及定子绕组在接线盒中的排列方式。

（2）复习按钮、交流接触器和热继电器、熔断器、刀开关（或空气断路器）等几种常用控制电器的结构、用途和工作原理。

（3）思考题：若将两个额定电压为 380 V 的接触器线圈串联后接到交流 380 V 电源上，会是什么结果，为什么？

五、 实验内容与步骤

注意：

（1）必须在断开电源的情况下连接、改接和拆除电路。

（2）开始实验之前，一定要认真检查线路，并经指导教师复查后方可起动。

（3）发生触电事故时，要迅速脱离带电体，其他人员要及时断开电源。

1. 了解三相异步电动机的铭牌数据

将了解的铭牌数据，填入表 7-1 中。

表 7-1

型号		功率		频率		电压		电流	
转速		工作方式		绝缘等级		绕组线阻		接法	

2. 三相异步电动机的运转控制

分别按图 7-3～图 7-6 接线。线路接好后，按先主电路、后控制电路的顺序依次检查。在确认所接线路正确无误，并经指导教师认可后，方可合闸控制操作。

如果电动机不能正常运转，参照实验原理中的"3. 故障分析方法"检修。

六、 实验仪器与设备

电机控制实验装置一台、三相异步电动机一台、数字多用表一只、螺丝批、导线等。

七、 实验报告要求

(1) 记录三相异步电动机的铭牌数据。

(2) 画出所搭建的电动机控制线路(图 7-3～图 7-6)。

(3) 说明图 7-5 电路中采取了哪些保护措施,并指出相应的保护器件的名称。

(4) 说明实验过程中有无出现故障以及检查和排除的过程。

(5) 回答思考题中的各问题。

实验八
三相异步电动机的正反转控制

一、 实验目的

(1) 掌握按钮、交流接触器和热继电器等几种常用控制电器的使用方法;

(2) 熟悉三相异步电动机正、反转的控制方法和控制电路;

(3) 学会检查电路故障的方法,培养分析和排除故障的能力。

二、 实验内容

(1) 学习电动机的正、反转控制;

(2) 学习线路故障的检查和排除。

三、 实验原理

1. 三相异步电动机的手动经停换向

对于三相异步电动机,只要将 3 根电源线中的任意两根对调即可换向,如图 8-1 所示。

2. 三相异步电动机的手动直接换向

手动直接换向控制电路如图 8-2 所示,连线电路如图 8-3 所示。

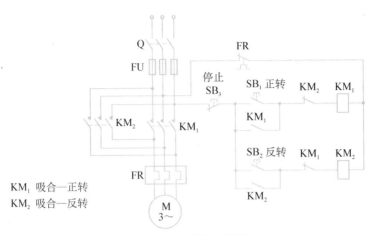

KM₁ 吸合—正转
KM₂ 吸合—反转

图 8-1 手动经停换向控制电路

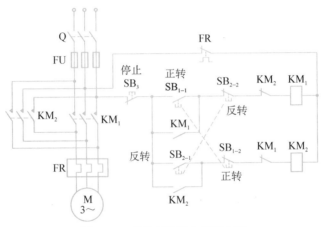

图 8-2 手动直接换向控制电路

正反转按钮PB-3(背视图)

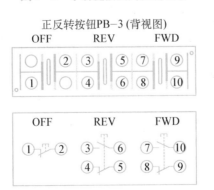

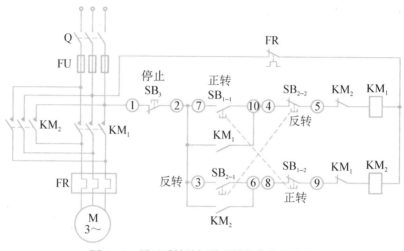

图 8 - 3　用正反转按钮的直接换向连线电路

3. 故障分析方法

（1）接通电源后，按起动按钮 SB_1 或 SB_2，若接触器动作，而电动机不转，说明主电路中有故障；如果电动机伴有"嗡嗡"声，则可能有一相电源断开。检查主电路的熔断器、主触点 KM 是否良好，热继电器 FR 是否正常，连接导线是否断线，连接点是否接触良好等。

（2）接通电源后，按起动按钮 SB_1 或 SB_2，若接触器不动作，说明控制电路有故障。检查热继电器复位按钮是否正常，停止按钮 SB_3 接触是否良好，线圈及导线是否断线等。

四、 实验预习内容

（1）复习按钮、交流接触器和热继电器、熔断器、刀开关（或空气断路器）等几种常用控制电器的结构、用途和工作原理。

（2）读懂异步电动机正、反转控制电路的工作原理，理解自锁、互锁及点动的概念，以及短路保护、过载保护和零电压保护的概念。

（3）思考题：

① 在电动机正、反转控制电路中，指出哪些辅助触点起自锁或互锁作用。

② 热继电器用于过载保护，它是否也能用于短路保护？为什么？

五、 实验内容与步骤

注意：

(1) 必须在断开电源的情况下连接、改接和拆除电路。

(2) 开始实验之前，一定要认真检查线路，并经指导教师复查后方可起动。

(3) 发生触电事故时，要迅速脱离带电体，其他人员要及时断开电源。

1. 三相异步电动机的手动经停换向控制

按图 8-1 所示接线。线路接好后，按先主电路、后控制电路的顺序依次检查。在确认所接线路正确无误，经指导教师认可后，方可合闸控制操作。

如果电动机不能正常运转，参照实验原理中"3. 故障分析方法"检修。

2. 三相异步电动机的手动直接换向控制

按图 8-3 所示接线。线路接好后，按先主电路、后控制电路的顺序依次检查。在确认所接线路正确无误，经指导教师认可后，方可合闸控制操作。

如果电动机不能正常运转，参照实验原理中"3. 故障分析方法"检修。

六、 实验仪器与设备

电机控制实验装置一台、三相异步电动机一台、数字多用表一只、螺丝批、导线等。

七、 实验报告要求

(1) 画出所搭建的电动机控制线路(图 8-1、图 8-2 所示)。

(2) 说明图 8-3 所示电路中采取了哪些保护措施，指出相应的保护器件的名称。

(3) 说明实验过程中有无出现故障以及检查和排除的过程。

(4) 回答思考题中的各问题。

实验九

三相异步电动机的降压起动

一、 实验目的

(1) 掌握电动机降压起动的工作原理；

（2）掌握离心开关、时间继电器的用途和使用方法；

（3）熟悉三相异步电动机降压起动的控制方法和控制电路；

（4）学会检查电路故障的方法，培养分析和排除故障的能力。

二、 实验内容

（1）读取三相异步电动机的铭牌数据；

（2）学习电动机的两种连接法；

（3）学习电动机的直接运转控制、点动控制、连动控制。

三、 实验原理

1. 三相异步电动机的降压起动

电动机的起动电流很大，功率越大的电动机，起动电流越大。起动电流通常是额定电流的 4～7 倍，这么大的起动电流将使线路电压下降，严重时影响同一电网上的其他负载正常工作。因此，大容量的电动机都要采取降压起动。常用的方法是 Y/△降压起动，Y 形接法的电流是△形接法电流的 1/3。即把电动机定子绕组先连成 Y 形来通电起动，起动后转速升高，当转速基本达到额定值时再切换成△形接法正常运行。

（1）利用离心开关的 Y/△自动转换。转换线路如图 9-1 所示，电动机转轴上有一个离心开关。刚起动时，KM_Y 吸合，定子绕组为 Y 形接法；当电动机达到一定转速时，离心开关起作用，KM_Y 断电松开，$KM_△$ 得电吸合，定子绕组被切换成△形接法而正常运转。

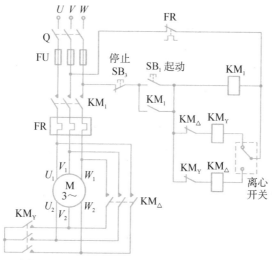

图 9-1 利用离心开关的 Y/△自动转换线路

（2）利用时间继电器的 Y/△ 自动转换。转换线路如图 9-2 所示。

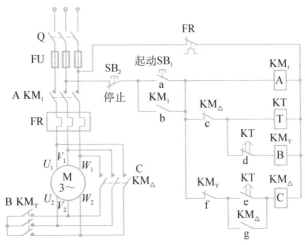

图 9-2 利用时间继电器的 Y/△ 自动转换线路

① 按起动钮 SB₁（a 接通一下）后，A、B、T 接通，d 原已接通（通电延时一段时间后才会断开），A 接通使 b 接通，b 接通使电路自锁（即便 a 断开，A、B、T 也保持接通）；A、B 接通使电动机按 Y 形接法起动，同时 B 接通使 f 断开，于是 C 维持断开状态，如图 9-3 所示。

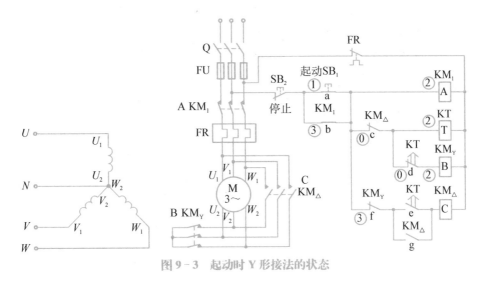

图 9-3 起动时 Y 形接法的状态

② d 通电延时一段时间后自动断开（e 接通），d 断开使 B 断开，B 断开使 f 接

通;e、f 接通使 C 接通,C 接通使 g 接通、c 断开;A 继续维持接通状态,于是 A、C 的接通使电动机按△形接法运行,如图 9-4 所示。

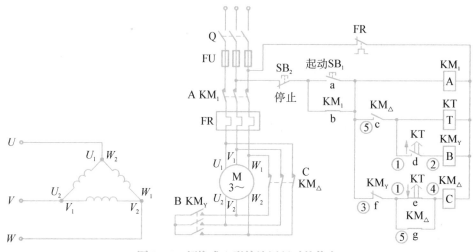

图 9-4　切换成△形接法运行时的状态

2. 故障分析方法

(1)接通电源后,按起动按钮 SB₁,若接触器动作,而电动机不转,说明主电路中有故障;如果电动机伴有"嗡嗡"声,则可能有一相电源断开。检查主电路的熔断器、主触点 KM 是否良好,热继电器 FR 是否正常,连接导线是否断线,连接点是否接触良好等。

(2)接通电源后,按起动按钮 SB₁,若接触器不动作,说明控制电路有故障。检查时间继电器是否正常,停止按钮 SB₂ 接触是否良好,线圈及导线是否断线等。

四、　实验预习内容

(1)复习离心开关及时间继电器的结构、用途和工作原理。

(2)读懂异步电动机 Y/△自动转换控制电路的工作原理,理解自锁、互锁的概念。

(3)思考题:在电动机 Y/△自动转换控制电路中,指出哪些辅助触点起自锁或互锁作用。

五、 实验内容与步骤

注意:
(1) 必须在断开电源的情况下连接、改接和拆除电路。
(2) 开始实验之前,一定要认真检查线路,并经指导教师复查后方可起动。
(3) 发生触电事故时,要迅速脱离带电体,其他人员要及时断开电源。

1. 利用离心开关的 Y/△ 自动转换控制

按图 9-1 所示接线。线路接好后,按先主电路、后控制电路的顺序依次检查。在确认所接线路正确无误,经指导教师认可后,方可合闸控制操作。

如果电动机不能正常运转,参照实验原理中"2. 故障分析方法"检修。

2. 利用时间继电器的 Y/△ 自动转换控制

按图 9-2 所示接线。线路接好后,按先主电路、后控制电路的顺序依次检查。在确认所接线路正确无误,经指导教师认可后,方可合闸控制操作。

如果电动机不能正常运转,参照实验原理中"2. 故障分析方法"检修。

六、 实验仪器与设备

电机控制实验装置一台、三相异步电动机一台、数字多用表一只、螺丝批、导线等。

七、 实验报告要求

(1) 画出所搭建的电动机控制线路(图 9-1、图 9-2)。
(2) 说明实验过程中有无出现故障以及检查和排除的过程。
(3) 回答思考题中的各问题。

实验十
三相异步电动机的顺序控制

一、 实验目的

(1) 掌握电动机降压起动的工作原理;

（2）掌握离心开关、时间继电器的用途和使用方法；

（3）熟悉三相异步电动机降压起动的控制方法和控制电路；

（4）学会检查电路故障的方法，培养分析和排除故障的能力。

二、 实验内容

（1）读取三相异步电动机的铭牌数据；

（2）学习电动机的两种连接法；

（3）学习电动机的直接运转控制、点动控制、连动控制。

三、 实验原理

1. 三相异步电动机的顺序控制

所谓顺序控制，就是只能按顺序来控制两台或以上的电动机的运行或停止。在如图 10 - 1 所示电路中，按 SB_1 起动 M_1，然后按 SB_2 才能起动 M_2，如果不先起动 M_1，M_2 就不能起动。

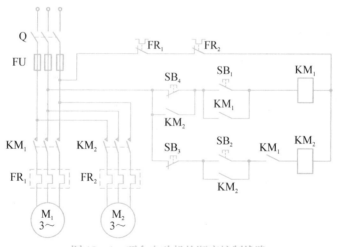

图 10 - 1 两台电动机的顺序控制线路

M_1 起动后的电路状态如图 10 - 2 所示。M_2 起动后的电路状态如图 10 - 3 所示。

M_1、M_2 起动后，如果按 SB_3，则 M_2 停转；如果按 SB_4，则 M_1、M_2 会同时停转。

2. 故障分析方法

（1）接通电源后，按起动按钮 SB_1，若接触器动作，而电动机不转，说明主电

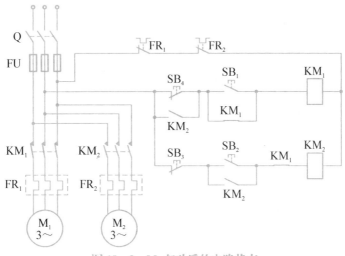

图 10 - 2　M₁ 起动后的电路状态

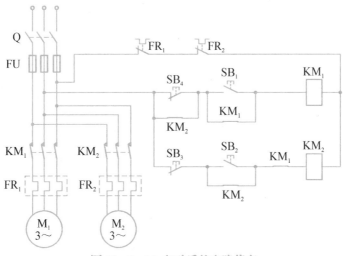

图 10 - 3　M₂ 起动后的电路状态

路中有故障;如果电动机伴有"嗡嗡"声,则可能有一相电源断开。检查主电路的熔断器、主触点 KM 是否良好,热继电器 FR 是否正常,连接导线是否断线,连接点是否接触良好等。

(2)接通电源后,按 SB₁,若接触器不动作,说明控制电路有故障。检查各接触器是否正常,停止按钮 SB₄ 接触是否良好,线圈及导线是否脱、断等。

四、　实验内容与步骤

注意：
　　（1）必须在断开电源的情况下连接、改接和拆除电路。
　　（2）开始实验之前，一定要认真检查线路，并经指导教师复查后方可起动。
　　（3）发生触电事故时，要迅速脱离带电体，其他人员要及时断开电源。

按图 10-1 所示接线。线路接好后，按先主电路、后控制电路的顺序依次检查。在确认所接线路正确无误，经指导教师认可后，方可合闸控制操作。

五、　实验仪器与设备

电机控制实验装置一台、三相异步电动机一台、数字多用表一只、螺丝批、导线等。

六、　实验报告要求

（1）画出经实验验证后的电动机顺序控制电路，并写出其动作顺序。
（2）说明实验过程中有无出现故障以及检查和排除的过程。

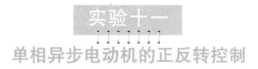

实验十一
单相异步电动机的正反转控制

一、　实验目的

（1）了解单相异步电动机的结构和工作原理；
（2）了解单相电容起动（运行）式异步电动机中电容的作用；
（3）掌握单相异步电动机正反转的控制原理和方法。

二、　实验原理

单相异步电动机的定子有两个绕组，一个是起动绕组，另一个是工作绕组。当这两个绕组对调时，电动机就会反转，家用波轮洗衣机就是利用这个原理工作

的。如图 11-1 所示,拨动开关 K,可改变电动
机的转动方向。

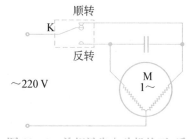

图 11-1 单相异步电动机的正、反转控制

三、实验设备

单相异步电动机一台、单刀双掷开关一个、导线若干条。

四、实验内容及步骤

(1) 按图 11-1 所示电路,先不接启动电容,通电,观看单相异步电动机能否自行起动;用手向顺时针方向拨动转子,电动机能否起动而继续向顺时针方法转动;用手向逆时针方向拨动转子,电动机能否起动而继续向逆时针方法转动。

(2) 按图 11-1 所示电路接上起动电容,接通电源,电动机能否自行起动?将开关 K 拨到另一位置,观看电动机转动的方向有无变化。

五、实验报告要求

(1) 通过实验观察,回答实验步骤 1 中的问题。
(2) 从实验中归纳出电容的作用以及控制电动机正反转的方法。

第二章　模拟电子技术

实验十二

常用电子元器件的测量

一、实验目的

(1) 掌握用数字多用表测量电容、二极管、三极管的方法；

(2) 了解电容的充放电过程；

(3) 熟悉二极管的单向导电性，并学会判断二极管的好坏；

(4) 掌握三极管的极性判断方法，并学会判断三极管的好坏。

二、实验原理

对其外部而言，数字多用表相当于一个内阻较大的电源，红表笔相当于电源的"＋"极，黑表笔相当于电源的"－"极。而指针式万用表刚好相反，红表笔相当于电源的"－"极，黑表笔相当于电源的"＋"极。

1. 电容的测量

对于小容量的电容，用数字多用表只能判断其是否已击穿短路，而观察不到其充电过程。因此，用数字多用表只能测量较大容量的电容（如电解电容）。

将数字多用表置于"Ω"挡，按图 12-1 所示的接法测量电容。在两表笔刚接触到电容的两脚时，表头会有读数（容量越大，开始时的读数越小），然后该读数会逐渐增大，直到显示为"1"（容量越大，变化速度越慢），这就是电容的充电过程。其原理是：刚开始时，电容的充电电流较大，所呈现的电阻较小；当充满电时，充电电流为 0，所呈现的电阻为∞。

注意：

（1）待测电容的容量越小，需要的"Ω"挡越高。例如，1 000 μF 需要 2 k挡，而 10 μF 需要 200 k 挡。

（2）测量电容时，不要同时用手接触到两支表笔的金属部分。

（3）再次测量同一电容时，必须先用一支表笔将该电容的两脚短路（放完电）。

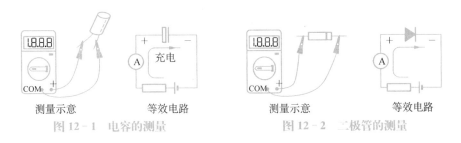

图 12-1　电容的测量　　　　　　　图 12-2　二极管的测量

2. 二极管的测量

将数字多用表置于"▷┤├"挡，按图 12-2 所示的接法测量二极管。当用表笔测量二极管的两脚时，表头会有读数（一般为 400～800 Ω），然后将二极管调换两脚测量，这时表头显示应为"1"（如果还有其他读数，说明该二极管已反向击穿），这就是二极管的单向导电性。其原理是：正向时，二极管导通，有电流流过，所呈现的电阻较小；而反向时，二极管截止，没有电流流过，所呈现的电阻为∞。

3. 三极管的测量

（1）三极管的极性判断和管脚排列。将数字多用表置于"▷┤├"挡，分别按图 12-3、图 12-4 所示的接法测量三极管。当一支表笔接 B 极的不变换，而另一支表笔分别接三极管的另外两脚时，表头会有读数（一般为 700～900 Ω）。三极管的直流测量等效电路，如图 12-5 所示。

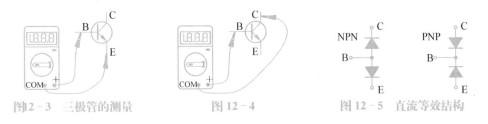

图 2-3　三极管的测量　　　　　图 12-4　　　　　图 12-5　直流等效结构

（2）三极管 β 值的测量。按（1）所述方法判断出三极管的极性和管脚排列后，将数字多用表置于"h_{FE}"挡，按表上插孔的管脚指示插入待测三极管，这时表头上就会显示该管的 β 值。

三、 实验设备

数字多用表、电容、二极管、三极管(9 012、9 013、8 050、8 550)若干。

四、 实验内容及步骤

1. 电容的测量

将数字多用表置于"Ω"挡(根据待测电容的容量大小,置换挡位),进行以下测量:

(1) 按图 12-1 的接法测量电容,观察电容的充电过程。

(2) 将电容的两脚调换过来测量,观察表头读数的变化。

(3) 换不同容值的电容进行测量、比较。

2. 二极管的测量

将数字多用表置于"◁—"挡,然后进行以下测量:

(1) 正向测量:按图 12-2 的接法测量二极管,将测量值填入表 12-1 中。

(2) 反向测量:把二极管的两脚调换过来测量,将测量值填入表 12-1 中。

表 12-1

表的量挡	被测二极管型号	表的读数	
		正向	反向

3. 三极管的测量

将数字多用表置于"◁—"挡,然后进行以下测量:

(1) 按图 12-3、图 12-4 的接法测量三极管,将测量值填入表 12-2 中。

(2) 换不同型号的三极管测量,将测量值填入表 12-2、表 12-3 中。

表 12-2

被测三极管型号	表笔接法	表的读数			
		B—E 正向	B—C 正向	B—E 反向	B—C 反向
	_____色笔接 B 极				
	_____色笔接 B 极				
	_____色笔接 B 极				
	_____色笔接 B 极				

（3）测量各三极管的 β 值，将测量值填入表 12-3 中。

表 12-3

被测三极管 （标明型号） （标明管脚）	型号： 管脚：_____	型号： 管脚：_____	型号： 管脚：_____	型号： 管脚：_____
管的极性类型				
管的电路符号				
β 值				

五、　实验报告要求

（1）将实验数据填入表 12-1、表 12-2、表 12-3 中。

（2）回答下列问题：有两个电解电容，如何用数字多用表来判断哪一个的容值比较大？

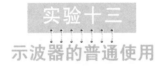

实验十三
示波器的普通使用

一、　实验目的

（1）认识示波器的类型；

（2）理解示波器的作用；

（3）熟悉示波器面板及常用开关、旋钮、按钮的功能；

（4）掌握示波器的普通使用。

二、　实验原理

示波器是一种用途十分广泛的电子测量仪器，它能把肉眼看不见的电信号变换成看得见的图像，便于研究各种电现象的变化过程。示波器的工作原理很复杂，功能很强大，本节内容只作简单阐述，着重指导模拟型双踪示波器的普通使用。

示波器有模拟型(显像管)和数字型(液晶显示屏)两大类。就其用途而言，又分为通用示波器、专用示波器等；从其功能上分，又有单踪、双踪、多踪示波器，等等。图 13-1 所示为某模拟型双踪示波器，图 13-2 所示为某数字型双踪示波器。

 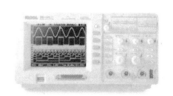

图 13-1 模拟型双踪示波器　　　图 13-2 数字型双踪示波器

普通示波器有示波管和电源系统、垂直(Y 轴)放大系统、水平(X 轴)放大系统、扫描与同步系统、标准信号源等 5 个基本组成部分。所谓双踪示波器，是指可同时输入两路信号，可同时测量这两个信号。

数字型示波器具有记忆存储被测信号的功能。

模拟型示波器借助阴极射线示波管电子射线的偏转，将电信号变换成图像，实现波形显示，可测量电压、频率、时间、相位等。

虽然示波器的型号众多，但大多数示波器上的旋钮的功能、开关的作用都是相同的。以下介绍模拟型双踪示波器(0～20 MHz)的常用开关、旋钮、按钮的功能及测量读数方法。

1. 电源(POWER)开关

示波器主电源开关。当此开关按下时，电源指示灯亮，表示电源接通。

2. 辉度(INTEN)旋钮

旋转此旋钮能改变光点和扫描线的亮度。观察低频信号时可小些，高频信号时可大些。一般不应太亮，以保护荧光屏。

3. 聚焦(FOCUS)旋钮

聚焦旋钮调节扫描电子束的粗细，即可显示扫描的亮点或亮线的粗细。一般，应将扫描线聚焦到最清晰状态。

4. 输入通道(CH1、CH2)

CH1、CH2 是信号的输入口。两个输入口之间有一到两个拨位开关，用于选择输入方式，有 3 种方式：通道 1(CH1)、通道 2(CH2)、双通道(DUAL)。

选择通道 1 时，仅显示通道 1 的信号。选择通道 2 时，仅显示通道 2 的信号。选择双通道(DUAL)时，同时显示通道 1 信号和通道 2 的信号。

在双通道(DUAL)下,还有 3 种显示方式:

(1) ALT:两通道交替显示。

(2) CHOP:两通道断续显示,用于扫描速度较慢时的双踪显示。

(3) ADD:两通道的信号叠加。

测试输入信号时,首先根据输入通道的选择,将示波器探头插到相应通道插口上,然后将探头上的"地"(示波器的地)与被测电路的"地"连接在一起,用探头接触被测点。

5. 探头上的拨位开关

输入线探头上有一双位开关。此开关拨到"×1"位置时,被测信号无衰减送到示波器,从荧光屏上读出的电压值是信号的实际电压值。此开关拨到"×10"位置时,被测信号衰减为 1/10,然后送往示波器,从荧光屏上读出的电压值乘以 10 才是信号的实际电压值。

6. 标准信号源(CAL)

示波器面板上(左下角或右下角)有一小金属环钩 CAL,是标准信号源的输出端,专门用于校准示波器的时基和垂直偏转因数。通常是峰－峰值 $V_{P-P} = 2\,V$、频率 $f = 1\,kHz$ 的方波信号。

7. 输入耦合方式(AC、GND、DC)

输入耦合方式有 3 种选择:交流(AC)、地(GND)、直流(DC)。

当选择"地(GND)"时,扫描线显示出"示波器地"在荧光屏上的位置。选择直流耦合(DC)时,用于测定信号直流绝对值和观测极低频信号。选择交流耦合(AC)时,用于观测交流和含有直流成分的交流信号。

在数字电路实验中,一般选择"直流"方式,以便观测信号的绝对电压值。

8. 垂直幅度挡位(VOLTS/DIV)旋钮

示波器中每个通道各有一个垂直幅度挡位旋钮(垂直偏转因数选择波段开关),一般按 1、2、5 方式从 5 mV/DIV(每格)到 5 V/DIV 分为 10 挡。波段开关指示的值,是代表荧光屏上垂直方向一格的电压值。

读数方法:旋钮指示的数值×波形在垂直方向所占的格数=信号的幅度。

例如,旋钮置于 0.5 V/DIV 挡时,若被测信号在屏幕的垂直方向上占 4 格,则该信号的幅度为 $0.5\,V \times 4 = 2\,V$。

每个波段开关上还有一个小旋钮,微调每挡垂直偏转因数。将它沿顺时针方向旋到最大,处于"校准"位置,此时垂直偏转因数值与波段开关所指示的值一致。在做数字电路实验时,在屏幕上被测信号的垂直移动距离与+5 V 信号的垂直移动距离之比常被用于判断被测信号的电压值。

9. 水平时长(时基选择)挡位(TIME/DIV)旋钮

水平时长挡位旋钮和微调的使用方法与垂直幅度挡位旋钮和微调类似。时基选择也通过一个波段开关实现,按 1、2、5 方式将时基分为若干挡,波段开关的指示值代表光点在水平方向移动一个格的时间值。例如在 1 μs/DIV 挡,光点在屏上移动一格代表时间值 1 μs。

"微调"旋钮用于时基校准和微调。沿顺时针方向旋到最大处于校准位置时,屏幕上显示的时基值与波段开关所示的标称值一致。

读数方法:旋钮指示的数值×信号一个周期的波形在水平方向所占的格数=信号的周期 T。周期的倒数即为频率($f = 1/T$)。

10. 位移(POSITION)旋钮

示波器面板上有一个水平位移旋钮(两路共用)、两个垂直位移旋钮。位移用于调节信号波形在荧光屏上的位置。

11. 触发(TRIGGER)功能开关、旋钮

触发信号用于控制电子束在水平方向的扫描。掌握基本的触发功能及其操作方法,才能在荧光屏上获得稳定的信号波形。

(1) 示波器通常有 3 种触发方式:

① 常态(NORM):无信号时不显示,有信号时与电平控制配合而触发、显示;

② 自动(AUTO):无信号时显示杂波,有信号时与电平控制配合而触发、显示;

③ 电视视频(TV):有 TV－V(场)和 TV－H(行)两种,主要用于 NTSC、PAL 或 SECAM 标准视频波形的场或行上触发。

(2) 示波器通常有 3 种触发源:内触发(INT)、电源触发(LINE)、外触发(EXT)。而内触发(INT)源又有 3 种:通道 1(CH1)、通道 2(CH2)、纵向触发(VERT)。

① 内触发(INT)使用被测信号作为触发信号,是经常使用的一种触发方式。由于触发信号本身是被测信号的一部分,在屏幕上可以显示出稳定的波形。使用某个通道时,最好选用相应的触发信号。例如,从通道 1 输入被测信号时,就选用 CH1 的触发信号。

② 电源触发(LINE)使用交流电源频率信号作为触发信号。这种方法在测量与交流电源频率有关的信号时,是有效的。特别在测量音频电路、闸流管的低电平交流噪音时,更为有效。

③ 外触发(EXT)使用外加信号作为触发信号,外加信号从外触发输入口输

入。外触发信号与被测信号间应具有周期性的关系。由于被测信号没有用作触发信号,因此何时开始扫描与被测信号无关。

正确选择触发信号对波形显示的稳定、清晰有很大关系。例如,在数字电路的测量中,对一个简单的周期信号而言,选择内触发可能好一些;而对于一个具有复杂周期的信号,且存在一个与它有周期关系的信号时,选用外触发可能更好。

(3) 触发电平(LEVEL)旋钮:触发电平调节又叫同步调节,它使扫描与被测信号同步。波形显示爬行、抖动时,调节触发电平旋钮至其稳定。

当调节触发电平还不能使波形稳定时,用释抑(HOLD OFF)旋钮调节波形的释抑时间(扫描暂停时间),能使扫描与波形同步。

(4) 触发极性(SLOPE)按钮:使波形的相位反转180°。

三、 实验设备

示波器一台、信号发生器一台。

四、 实验内容及步骤

1. 示波器的自检

调好示波器支架,插好电源线,任选通道1(CH1)或通道2(CH2)插好探头(探头上的拨位开关应置于"×1"位置),然后按下电源(POWER)开关,这时电源指示灯应亮,否则要检查插座是否有电、电源线是否完好。

接通电源后,利用示波器自带的标准信号进行自检:将探头小钩钩到标准信号源的输出端(CAL)上,探头的"地"(小夹)可不接(其内部已连接),调整各旋钮,使屏幕上显示稳定、清晰的矩形波。

调出稳定、清晰的波形的步骤如下:

(1) 输入方式选择:如果探头插在 CH2 口,则把两个输入口之间的拨位开关拨到 CH2 位置;同时要注意,输入耦合方式不能为"地(GND)",否则只能看到一条水平线。

(2) 选择合适的触发信号:比如使用通道2(CH2),就要在面板的触发区(TRIGGER)把触发源开关拨到内触发源(INT)、通道触发(CH2)。

(3) 调节触发电平(LEVEL)旋钮,使波形稳定。

(4) 调节位移(POSITION)旋钮,使波形处于屏幕中间。

(5) 调节水平时长(时基选择)挡位旋钮(TIME/DIV),使波形的宽窄度适中。

（6）调节垂直幅度挡位旋钮（VOLTS/DIV），使波形的纵向幅度适中。

（7）调节亮度（INTEN）、聚焦（FOCUS），使波形显示清晰。

2. 读数的校准

调出稳定、清晰的波形后，读数。

标准信号的参数是：峰—峰值 $V_{P-P} = 2\,V$、频率 $f = 1\,kHz$ 的矩形波（频率值是由周期换算出来的，$T = 1\,ms$ 时，$f = 1/T = 1\,kHz$）。

分别调节（VOLTS/DIV）、（TIME/DIV）上的微调旋钮，使显示的波形的参数符合标准信号的参数。这之后就不要再调动微调旋钮，否则测量值不准。

3. 实际测量

取用信号发生器（或用实验台上的信号源），用示波器实际测量。

测试输入信号时，首先根据输入通道的选择，将示波器探头插到相应通道插口上，然后将探头上的"地"夹到被测电路的"地"上，再用探头接触被测点。

调节信号发生器分别发出不同的波形信号，用示波器实际测量，并将测量值填入表 13-1 中。

表 13-1

被测信号波形	垂直方向测量值			水平方向测量值			
	挡位	波幅格数	幅度 V_{P-P}	挡位	周波格数	周期	频率
正弦波							
矩形波							
三角波							

五、 实验报告要求

将实验数据填入表 13-1 中。

实验十四

单管放大电路

一、 实验目的

（1）掌握单管放大电路静态工作点的测试和调试方法；

（2）学习测量放大电路的电压放大倍数、输入电阻和输出电阻的方法；

（3）了解负载电阻对放大倍数的影响；

（4）观察了解放大电路非线性失真的类型及消除方法。

二、实验原理

1. 放大电路静态工作点的调试

单管交流电压放大电路如图 14 - 1 所示，电压放大电路的作用是不失真地放大电压信号。由于双极型晶体管是非线性器件，当晶体管工作在非线性区时，将产生波形失真。为此，必须给放大电路设置合适的静态工作点，以使晶体管工作在线性区。

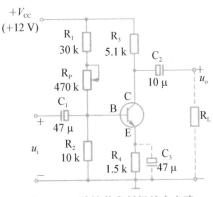

图 14 - 1 单管共发射极放大电路

静态工作点主要取决于基极偏置电流 I_B，本实验采用分压式偏置放大电路，调整工作点主要是调整上偏置电阻的阻值，通过改变 R_P 的阻值，使放大电路获得合适而稳定的静态工作点。

静态电流的测量方法如下：

（1）直接测量法，即将微安表和毫安表直接串联在基极（集电极）中测量。此法准确、直观，但需要断开被测电路，操作不便。

（2）测 I_B 和 I_C 一般可采用间接测量法，即通过测量 V_E、V_C，然后计算出 I_C、I_E 和 I_B。此法虽不直观，但操作较简单，建议初学者采用。间接测量静态电流的计算方法（V_E、V_C 为测量值）如下：

$$I_E = \frac{V_E}{R_4}, \ I_C = \frac{V_{CC} - V_C}{R_3}, \ I_B = I_E - I_C。$$

2. 放大电路输入电阻和输出电阻的测量方法

（1）输入电阻的测量。在信号源与放大电路输入端之间串联一个电阻 R_S 作为电流取样电阻，如图 14 - 2 所示。用示波器分别测出信号源电压 U_S 和放大电路的输入电压 U_i，即可计算出 r_i。

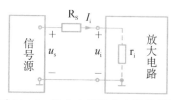

图 14 - 2 放大电路输入电阻的测量

测量计算：$r_i = \dfrac{U_i}{I_i} = \dfrac{U_i}{U_S - U_i} \times R_S$；

理论估算：$r_i = (R_1 + R_P) \,/\!/\, R_2 \,/\!/\,$
$$[r_{BE} + (1+\beta)R_4]$$
$$\approx [r_{BE} + (1+\beta)R_4]；$$
$$r_{BE} = 300 + (1+\beta)\frac{26}{I_E(mA)}(\Omega)。$$

（2）输出电阻的测量。如图 14 - 3 所示，分别测出放大电路空载时的输出电压 U_o 和带负载 R_L 时的输出电压 U_L，即可计算出 r_o。

图 14 - 3 放大电路输出电阻的测量

测量计算：$r_o = \dfrac{U_o - U_L}{U_L} \times R_L$；

理论估算：$r_o = R_C = R_4$。

三、 实验仪器与设备

示波器一台、数字多用表一只、信号发生器一台、三极管放大电路组件一块。

四、 实验内容与步骤

1. 测量、调节静态工作点

（1）按图 14 - 1 所示连接好。

（2）调节电位器 R_P，使晶体管的极间电压 U_{CE} 约为 3～6 V。

（3）用万用表测量晶体管各电极的电位 V_C、V_E 和 V_B，记录到表 14 - 1 中。

表 14 - 1

测量值			计算值			
V_C/V	V_E/V	V_B/V	U_{CE}/V	I_C/mA	I_E/mA	$I_B/\mu A$

2. 观察放大电路输入信号与输出信号的相位关系

（1）将信号发生器的输出端与放大电路的输入端相连。

（2）调节信号发生器，输出频率 $f = 1\,kHz$、有效值 $U_i = 30\,mV$ 的正弦波信号，作为放大电路的输入信号 u_i。

（3）将示波器的耦合方式置于 AC(交流)，放大电路的输入电压 u_i 和输出电压 u_o 分别加至示波器 CH1 和 CH2 的输入端，观察并绘出 u_i 和 u_o 的波形，比较其相位关系。

注意：在测量或观察波形时，为了防止短路与干扰，信号发生器、示波器的"⊥"端必须与实验线路的"⊥"端接在一起。

3. 测量放大电路的电压放大倍数

电压放大倍数的理论估算公式为

$$A_u = \frac{U_o}{U_i} = -\beta \frac{R_C /\!/ R_L}{r_{BE}}。$$

其中，$\beta = \dfrac{I_C}{I_E}$，$r_{BE} = 300 + (1+\beta)\dfrac{26}{I_E(\text{mA})}(\Omega)$，本实验中 $R_C = R_4$。

在输出电压 u_o 波形不失真的前提下，使电路的负载分别为 $R_L = \infty$(开路)、$R_L = 2\,\text{k}\Omega$ 和 $R_L = 510\,\Omega$，用示波器测量输入电压 U_i 和输出电压 U_o，记入表 14-2 中。

表 14-2

条件	测量值			理论估算值
	U_i/V	U_o/V	$A_u = \dfrac{U_o}{U_i}$	$\mid A_u \mid = \beta\dfrac{R_C /\!/ R_L}{r_{BE}}$
$R_L = \infty$				
$R_L = 2\,\text{k}\Omega$				
$R_L = 510\,\Omega$				

4. 观察接入和断开发射极旁路电容 $C_E(C_3)$ 对电压放大倍数的影响

将放大电路的输出端开路，在接入、断开 C_E 的情况下，观察输出电压 u_o 幅值的变化，分别测量两种情况下的输出电压 U_o，并记录到表 14-3 中。

表 14-3

条件	测量值 U_o/V
接入 $C_E(C_3)$	
断开 $C_E(C_3)$	

5. 测量放大电路的输入电阻

按图 14-2 所示连接电路，并取电阻 $R_S = 1\,\text{k}\Omega$。将测量结果及计算值填入

表 14 - 4 中。

表 14 - 4

条件	测量值		测量计算值	理论估算值
	U_i/V	U_S/V	$r_i = \dfrac{U_i}{U_S - U_i} \times R_S$	$r_i = r_{BE} + (1+\beta)R_4$
$R_S = 1\,k\Omega$				

6. 测量放大电路的输出电阻

按图 14 - 3 所示连接电路,并取电阻 $R_L = 2\,k\Omega$,将测量结果及计算值填入表 14 - 5 中。

表 14 - 5

条件	测量值		测量计算值	理论估算值
	U_o/V	U_L/V	$r_0 = \dfrac{U_o - U_L}{U_L} \times R_L$	$r_0 = R_C(R_4)$
$R_L = 2\,k\Omega$				

7. 观察非线性失真现象

(1) 在静态工作点合适的情况下,观察不失真输出的 u_o 波形。将输出波形 u_o 及静态 U_{CE} 值(测量 U_{CE} 时应去掉输入信号 U_i),记入表 14 - 6 中。

(2) 逐渐增大输入信号,直到 u_o 的正、负半周波形都出现失真。将输出波形 u_o 及静态 U_{CE} 值(测量 U_{CE} 时应去掉输入信号 U_i),记入表 14 - 6 中。

(3) 观察静态工作点不合适产生的非线性失真。保持输入信号 $U_i = 30$ mV,改变 R_P 的值,使工作点为偏高($U_{CE} < 5$ V)、偏低($U_{CE} > 7$ V),观察输出波形 u_o 及静态工作点 U_{CE} 的变化。将各种条件下的输出波形及静态 U_{CE} 的值,记入表 14 - 6 中。

表 14 - 6　静态工作点与失真的关系

条件	U_{CE}/V	输出电压 u_o 的波形	失真类型
工作点合适, 输入信号幅度合适			

续　表

条件	U_{CE}/V	输出电压 u_o 的波形	失真类型
工作点合适，输入信号幅度太大			
工作点偏低			
工作点偏高			

五、 实验报告要求

(1) 整理实验数据，画出波形图。

(2) 分析负载电阻 R_L 对放大电路电压放大倍效的影响。

(3) 分析发射极电阻 $R_E(R_4)$ 对电压放大倍数的影响，说明发射极旁路电容 $C_E(C_3)$ 的作用。

(4) 分析放大电路输出电阻对放大电路带负载能力的影响。

(5) 分析产生非线性失真的原因，说明消除非线性失真的基本方法。

附二　电烙铁焊接工艺

电子电路焊接是电子产品安装技术中必不可少的、关键的环节。其目的是将电子元器件固定到电路板上，并实现电子元器件之间按电路原理图要求连接。焊接质量是否优良，直接影响电子产品质量的好坏。

焊接工艺有 4 大类：①手工焊接；②用于通孔型元件的波峰焊接；③用于表贴型元件的回流焊接；④用于同时有通孔型元件和表贴型元件的混合焊接。

手工焊接的主要设备是电烙铁或小型的浸焊锡炉。波峰焊接机、回流焊接机是工业上批量生产电子产品的主要焊接设备。

本附件介绍手工电烙铁焊接工艺的相关知识。

一、工具、材料

1. 主要工具——电烙铁

手工焊接工具有 3 大类：内热式电烙铁、外热式电烙铁、热风机。内热和外热式电烙铁如图 1 和图 2 所示，现在常用的是外热式电烙铁。烙铁头有多种外形，可根据需要选用，如图 3 所示。

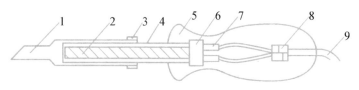

图 1　内热式电烙铁的结构

1—烙铁头；2—烙铁芯；3—金属卡环；4—金属外壳；
5—塑料手把；6—固定座；7—接线柱；8—线卡；9—电源线

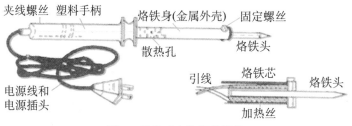

图 2　外热式电烙铁的结构

2. 辅助工具

常用的辅助工具如图 4 所示，其他辅助工具还有锥子、吸锡器等。

(1) 镊子：由于焊接时温度很高，直接用手把持元件易烫伤，因此要借助镊子来把持元件。另外，还可用镊子来对元件引脚进行整形。

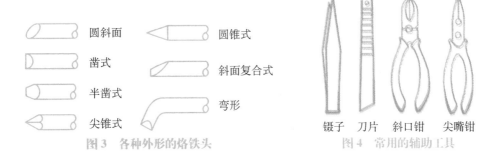

图 3 各种外形的烙铁头　　　　图 4 常用的辅助工具

（2）刀片：如果元件引脚或电路板焊盘（铜箔）被氧化或有污渍，会造成焊接不良（虚焊）甚至焊接不上，这时要先用刀片把引脚或焊盘刮划干净。

（3）斜口钳：新元件的引脚通常较长，焊接好后要用斜口钳把长出部分剪掉。

（4）尖嘴钳：有些大功率元器件的管脚较粗硬，用镊子很难对其整形，因此要借助尖嘴钳。

3. 焊料——焊锡

焊锡有含铅焊锡和无铅焊锡，以无铅焊锡为好。电烙铁焊接所用的焊料是细圆管型含松香的焊锡丝，其结构如图 5 所示。焊锡丝的粗细有 $0.3\sim1.2$ mm 多种规格。焊锡的熔点为 231.85℃。

图 5 焊锡丝的结构

4. 辅助焊料——松香、焊锡膏

常用的辅助焊料（助焊剂）是松香或松香水（将松香溶于酒精中）。使用助焊剂可以辅热传导，帮助清除金属表面的氧化物、油污，既利于焊接，又可保护烙铁头免被氧化。焊接较大元件或导线时，也可采用焊锡膏，但焊锡膏有一定腐蚀性，焊接后要及时清除残留物（通常不建议使用焊锡膏）。

二、焊接操作

手工焊接的工艺流程如下：准备→加热、熔锡→撤离→剪脚→检验。

1. 准备

（1）给电烙铁通电预热（切忌烙铁头直接接触桌面或可燃物品）。

（2）备好辅助工具。

（3）查看元件引脚和焊盘，如果有氧化迹象，要用刀片刮干净；如果引脚已被刮到露铜，则最好要借助松香先镀一层锡（上锡），如图 6 所示。

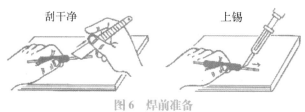

图 6　焊前准备

（4）把准备好的待焊接元件插到电路板上。注意：要先插、焊矮元件，后插、焊高元件，如图 7 所示。

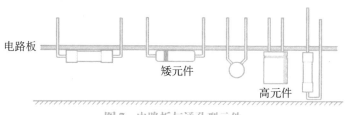

图 7　电路板与通孔型元件

2. 焊接操作

（1）手握铬铁的姿势（通常采用的是握笔法），如图 8 所示。

(a) 握笔法　　　　(b) 反握法　　　　(c) 正握法

图 8　铬铁握姿

（2）焊接操作流程，如图 9 所示。

(a) 准备，送烙铁头　　(b) 加热焊盘，送焊锡　　(c) 熔焊锡(2～3 s)

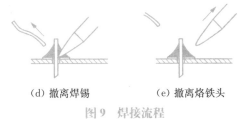

（d）撤离焊锡　　　　　（e）撤离烙铁头

图 9　焊接流程

3. 剪脚

用斜口钳把焊点顶端 1 mm 以上的引脚剪掉。

4. 检验

元件引脚、焊盘、焊锡之间未能紧密融接，称为虚焊。如图 10 所示，查看焊点的状况，可判断焊接质量的好坏。若有虚焊，应补焊。

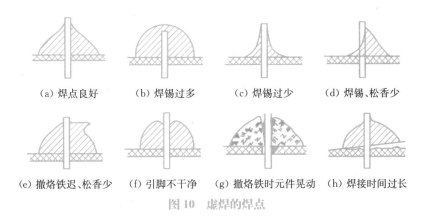

（a）焊点良好　　（b）焊锡过多　　（c）焊锡过少　　（d）焊锡、松香少

（e）撤烙铁迟、松香少　（f）引脚不干净　（g）撤烙铁时元件晃动　（h）焊接时间过长

图 10　虚焊的焊点

良好的焊点应是光滑圆润、大小适度、均匀，无毛刺、无虚焊，引脚在焊点外留长 1～2 mm。

实验十五

多谐振荡灯电路制作

一、实验目的

（1）掌握使用万用表来判别电子元器件的极性、管脚排列；

（2）学会根据电路原理图画出实物连线图（PCB图）；

（3）掌握电路的焊接技术；

（4）学会检修简单的电子电路。

二、 实验内容

（1）学会根据电路原理图画出实物连线图（PCB图）；

（2）实际电路制作、检测与维修；

（3）测量电路的输出电压波形。

三、 实验电路

图15-1所示是一个多谐振荡灯电路。接通电源后，LED1和LED2将轮流闪亮，改变 C_1、C_2 或 R_1、R_2 的参数，可改变两灯的闪亮频率。

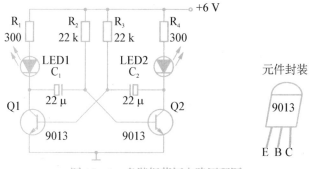

图15-1 多谐振荡灯电路原理图

电路工作原理：当接通电源后，由于元件参数的微小差别，Q1、Q2的导通程度不可能完全一样。假定Q1导通稍快一点，则 V_{ce_1} 下降就快一些，从而引起如下的正反馈：

$$V_{C1} \downarrow \rightarrow V_{B2} \downarrow \rightarrow i_{B2} \downarrow \rightarrow i_{C2} \downarrow \rightarrow V_{C2} \uparrow \rightarrow V_{B2} \uparrow \rightarrow i_{B1} \uparrow \rightarrow i_{C1} \uparrow$$

$$V_{C1} = E_C - (i_{C1}R_1 + V_{D1})$$

上述正反馈使Q1迅速饱和（LED1亮），Q2迅速截止（LED2灭），电路进入暂稳状态。在暂稳状态期间，C_2 充电，C_1 放电。随着 C_1 放电到反向充电，V_{B2} 逐渐向 E_C（+6 V）趋近，当 $V_{B2} \approx 0.7$ V时，Q2迅开始导通，一旦它进入放大区以后，就会立刻出现另一个正反馈过程：

$$V_{B2}\uparrow \rightarrow i_{B2}\uparrow \rightarrow i_{C2}\uparrow \rightarrow V_{C2}\downarrow \rightarrow V_{B2}\downarrow \rightarrow i_{B1}\downarrow \rightarrow i_{C1}\downarrow \rightarrow V_{C1}\uparrow$$

上述正反馈使 Q2 迅速饱和(LED2 亮),Q1 迅速截止(LED1 灭),电路进入新的暂稳状态。在此暂稳状态期间,C_1 充电,C_2 放电。如此循环,Q1、Q2 轮流导通、截止,两只 LED 就轮流点亮。

四、 实验设备与器材

通用电路板、电路中的各元件、导线、电烙铁、斜口钳、镊子、焊锡、松香。

五、 实验步骤

(1) 根据电路原理图选找元器件。

(2) 根据电路原理图,画出万用板的背面连线图(PCB 图)。

(3) 使用万用表来判别电子元器件的极性、管脚排列,按原理图和背面连线图进行插、焊,装配成实际电路。

(4) 同组同学之间相互交换作品检查,看各元件的电气值是否选对,各元件脚的极别、极性是否焊接正确。

(5) 确认电路焊接正确后,接通 6 V 电源,观察 LED1 和 LED2 是否交替闪亮。

(6) 若电路制作不成功,则要对电路进行检修,测量各电气值,学会判断和检修,并给予修复。

(7) 测试:用示波器测量任一个三极管之集电极(C 极)的电压波形,并读出周期、计算其频率,填入表 15 - 1 中。

表 15 - 1

Q1 或 Q2 集电极(C 极)输出的波形	频率/Hz

六、 实验报告要求

(1) 画出多谐振荡灯电路原理图。

（2）记录电路制作过程遇到的问题和解决方法。

（3）要使两灯的闪亮频率放慢或加块,应如何实现?

（4）你能应用该电路做成什么有趣的玩具吗?

附:材料清单

序号	电路标号	元器件名称	规格型号	用量
1		通用电路板	7 cm×5 cm	1 块
2	Q1、Q2	三极管	9013	2 只
3	LED1、LED2	发光二极管	ϕ3(红或绿)	2 只
4	C_1、C_2	电解电容	22 μF/16 V	2 只
5	R_1、R_4	碳膜电阻	300 Ω、1/4 W	2 只
6	R_2、R_3		22 kΩ、1/4 W	2 只

实验十六
三极管触摸开关电路制作

一、 实验目的

（1）掌握根据电路原理图制作出实际电路的技能;

（2）掌握三极管工作状态的控制方法;

（3）掌握实际电路的分析技能。

二、 实验内容

（1）根据电路原理图制作实际电路;

（2）学习实际电路的分析、维修。

三、 实验电路

图 16-1 所示是一个触摸开关电路。接通电源后,用手触摸"开(金属片)"时,LED1 和 LED2 亮;触摸"关(金属片)"时,LED1 和 LED2 灭。

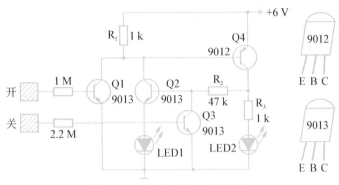

图 16-1　触摸开关电路原理图

电路的工作原理：接通电源后，+6 V 通过 R_1 为 Q1、Q2 提供 C 极偏置电压，为 Q4 提供 E 极偏置电压；由于人体有静电，当用手触摸"开（金属片）"时，静电压触发 Q1 的 B 极，使 Q1 导通；Q1 的导通为 Q4 的 B 极提供电流通路 I_{B4}，使 Q4 导通，Q4 导通产生 I_{C4}，这时 LED2 亮；与此同时，I_{C4} 流过 R_3 产生电压，该电压经 R_2 限流后加到 Q2 的 B 极使 Q2 导通，因而 LED1 亮。这时即便人手已离开"开（金属片）"使 Q1 截止，由于 Q2 的导通还是为 Q4 的 B 极提供了电流通路，Q4 继续导通，进而使 Q2 维持导通状态，这样 LED2、LED1 就一直维持亮的状态（即电路处于"开"的状态）。

当用手触摸"关（金属片）"时，静电压触发 Q3 的 B 极，使 Q3 迅速饱和导通；Q3 饱和导通后其 V_{CE4} 降为 0.2 V，因为 $V_{BE2} = V_{CE4} = 0.2\ \text{V} < 0.7\ \text{V}$，Q2 即截止，LED1 熄灭；与此同时，Q2 的截止阻断了 Q4 的 I_{B4}，于是 Q4 截止，LED2 熄灭，电路处于"关"状态。

四、 实验设备与器材

通用电路板、电路中的各元件、导线、电烙铁、斜口钳、镊子、焊锡、松香。

五、 实验步骤

（1）根据电路原理图，选好元件，焊接成实际电路。"开"、"关"用的金属片可用光铜线绕成一小饼状（3～5 圈）即可。

（2）同组同学之间相互交换作品来检查，看各元件的电气值是否选对，各三极管的管脚是否焊接正确。

（3）确认电路焊接正确后，接通+6 V 电源，依次用手触摸"开（金属片）"、"关（金属片）"，观察 LED1 和 LED2 是否正常亮、灭。

（4）若电路制作不成功，测量各电气值，分析、检修电路，直至正常。

六、　实验报告要求

（1）记录电路制作过程遇到的问题和解决方法。

（2）如果要用此电路来控制强电（比如一个 220 V 插座），应该怎么做？

（3）图 16 - 2 所示是另一个触摸开关电路，其电路功能与图 16 - 1 所示电路相同。作为学习体会，画出图 16 - 2 所示电路图，并分析该电路的工作原理。

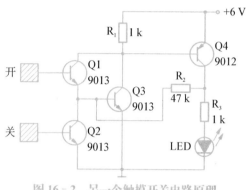

图 16 - 2　另一个触摸开关电路原理

实验十七
单管温控电路

一、　实验目的

（1）熟悉热敏电阻的特性，了解继电器的结构；

（2）加深理解三极管的开关作用；

（3）掌握三极管电路的测量及检修方法。

二、　实验内容

（1）完成电路的连接和测试；

（2）了解热敏电阻的特性。

三、 实验电路

温控电路如图 17－1 所示。R_t 为热敏电阻，它具有负温阻特性（NTC），即温度升高→阻值下降。常温时，$R_t \approx 1\,\mathrm{M\Omega}$，由 R_P、R_1、R_t 组成的分压电路使 Q 的 $V_{BE} > 0.7\,\mathrm{V}$，于是 Q 导通，继电器 J 吸合，LED 亮。因此在常温下，只要给电路接通电源，继电器 J 就吸合，LED 就亮。当温度升高时，R_t 阻值下降（$R_t \approx 1\,\mathrm{k\Omega}$），根据分压公式估算得 $V_{BE} \approx 0.4\,\mathrm{V} < 0.7\,\mathrm{V}$，于是 Q 截止，继电器 J 释放，LED 熄灭。

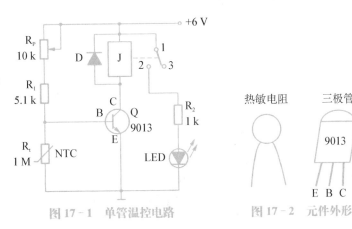

图 17－1 单管温控电路   图 17－2 元件外形

四、 实验设备与器材

(1) 自制电路：通用电路板、电路中的各元件、导线、电烙铁、辅助工具、焊料。

(2) 实验组件："MDG－16 综合实用电路"中的"温控电路－1"、数字多用表。

五、 实验步骤

(1) 在不通电源的情况下，分别测量继电器 J 的线圈的直流电阻值及 R_t 的冷、热阻值（用已加热的烙铁靠近），并记录到表 17－1 中。

(2) 按图 17－1 所示连接电路（或自制该电路）。

(3) 接通电源，调整 R_P，使 LED 刚好点亮。

(4) 改变 R_t 的环境温度（方法：用热烙铁靠近它，持续约 3 s），观察 LED 是否熄灭；然后移开电烙铁，用口吹气的方法使 R_t 尽快冷却，观察 LED 是否亮。若 LED 无变化，则电路有故障。

(5) 若电路正常，测量各电气值，记于表 17－1 中。

(6) 若电路有故障，测量各电气值，记于表 17－1 中，然后检修并记录。

表 17-1

继电器 J 线圈的直流电阻值	环境	R_t	V_B	V_C	LED 的压降
	常温时				
	升温时				
	故障时				

六、 实验报告要求

(1) 画出温控电路原理图。

(2) 记录电路制作过程遇到的问题和解决方法。

(3) 如果要将图 17-1 所示电路的功能改为：常温时 LED 灭，温度升高时 LED 亮。在电路结构形式基本不变的前提下，有哪些做法可以实现？请予说明。

实验十八
双管光控电路

一、 实验目的

(1) 熟悉光敏二极管(或光敏电阻)的特性；

(2) 掌握继电器的作用；

(3) 掌握三极管的放大和开关作用；

(4) 掌握三极管电路的测量及检修方法。

二、 实验内容

(1) 完成电路的连接和测量；

(2) 测量元件及电路在亮、暗两种环境下的电气值。

三、 实验原理

实验电路如图 18-1 所示。D1 为光敏二极管(或光敏电阻)，其特性是亮阻小、暗阻大(光照时其阻值下降)。

光线强时，D1 呈现低阻值，由 R_1、R_2、D1 组成的分压电路使三极管 Q1 的 V_{BE1} <

0.7 V, Q1 截止,进而 Q2 截止,继电器 J 未吸合("1"与触点"2"分开),LED 不亮。

光线暗时,D1 呈现高阻值,$V_{BE1} > 0.7$ V, Q1 导通,进而 Q2 导通,继电器 J 吸合("1"与触点"2"闭合),LED 亮。

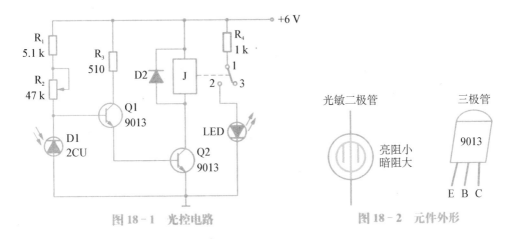

图 18 - 1 光控电路   图 18 - 2 元件外形

四、 实验设备与器材

(1) 自制电路:通用电路板、电路中的各元件、导线、电烙铁、辅助工具、焊料。

(2) 实验组件:"MDG - 16 综合实用电路"中的"光控电路 - 3"、数字多用表。

五、 实验步骤

(1) 在不通电源的情况下,分别测量继电器 J 线圈的直流电阻值及 D1 的亮、暗阻值,并记录到表 18 - 1 中。

(2) 接通电源,改变 D1 的光照环境,观察 LED 是否有亮、灭变化(微调 R_2 可改变电路的灵敏度)。若 LED 无变化,则电路有故障。

(3) 若电路正常,测量表中所示的各电气值,并记于表 18 - 1 中。

表 18 - 1

光照环境	D1 电阻值	V_{C1}	V_{C1}	V_{BE2}	V_{C2}	LED 的亮灭状态	LED 的压降
亮时							
暗时							
故障时							

（4）若电路有故障,测量表中所示的各电气值,并记于表 18－1 中,然后检修并记录。

六、 实验报告要求

（1）画出光控电路原理图。

（2）记录电路制作过程遇到的问题和解决方法。

（3）要用两只 LED 分别显示继电器 J 的两种状态,应该如何连接?

实验十九
桥式整流及稳压电路

一、 实验目的

（1）观察桥式整流电路的电压波形;

（2）验证输出直流电压与输入交流电压的关系;

（3）观察滤波电容的作用;

（4）掌握 LM78xx 系列三端集成稳压器的使用。

二、 实验原理

直流稳压电源是一种将交流电压变成直流电压的装置,主要由整流电路、滤波电路及稳压电路 3 部分组成。

整流电路利用半导体二极管的单向导电性,将交流电压转变为脉动的直流电压,再经滤波电路,滤掉整流电路输出电压中的大部分交流成分,从而得到比较平滑的直流电压。

1. 桥式整流——简单的稳压电路

桥式整流器成品(又称桥堆),通常有圆型和方型两种,其内部接线和外部管脚引线如图 19－1(a、b)所示。为提高直流电源的稳定度,在滤波电路之后需采用稳压电路,如图 19－2 所示。

2. 三端集成稳压器

三端集成稳压器有 3 种:

（1）输出固定正电压值的 78xx 系列稳压器,xx 为输出电压值。例如

LM7812,表示输出＋12 V。

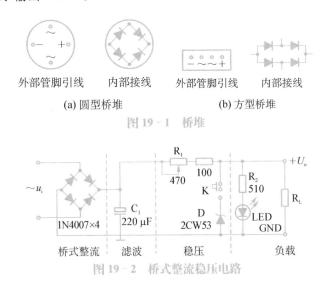

外部管脚引线　　　内部接线　　　外部管脚引线　　　内部接线

(a) 圆型桥堆　　　　　　　(b) 方型桥堆

图 19-1　桥堆

图 19-2　桥式整流稳压电路

（2）输出固定负电压值的 79xx 系列稳压器，xx 为输出电压值。例如 LM7905,表示输出－5 V。

（3）输出电压可调的三端集成稳压器,常用的是 LM317,输出电压＋1.25～＋30 V连续可调。

3. 三端集成稳压器的基本应用

图 19-3 所示是使用 LM7805 的集成稳压电路。滤波电容 C_2、C_4 一般选取几百～几千微法（μF）。当稳压器距离整流滤波电路比较远时,在输入端必须接入电容器 C_1（数值为 0.1 μF）,以抵消线路的电感效应,防止自激振荡。输出端电容 C_3（0.1 μF）用以滤除输出端的高频信号,改善电路的暂态响应。

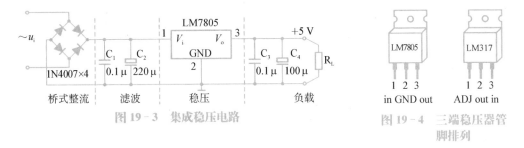

图 19-3　集成稳压电路　　　　　图 19-4　三端稳压器管脚排列

三端稳压器的 1 脚为输入端（输入电压为 U_1）,2 脚接"地",3 脚为输出端（输出电压为 U_3）,管脚排列如图 19-4 所示。参数见表 19-1。

表 19 - 1

输入电压	输出电压	最大输出电流	静态电流	耗散功率
7.5~35 V	(5±0.25)V	1.5 A	6 mA	≥7.5 W

三、 实验仪器与设备

示波器一台、数字多用表一块、整流器件与稳压电源实验组件一件。

四、 实验内容与步骤

1. 桥式整流、滤波电路

按图 19 - 2 所示连接整流电路,分别在不加与加滤波电容、稳压管的条件下,用示波器分别观察整流电路输入电压和输出电压的波形,用数字多用表测量输入交流电压、输出直流电压的数值,将结果填入表 19 - 2 中,并观察、绘制输入、输出电压波形。

注意:不能用示波器同时观察电路的交流输入电压 u_i 和直流输出电压 U_o 的波形。

表 19 - 2

电路接法	测量数据	电压波形(要标注最大值、最小值)
	$u_i =$ /V	
桥式整流(空载) (不接 R_L)	$U_o =$ /V	
桥式整流,有滤波、无稳压 (断开 K)	$U_o =$ /V	
桥式整流,有滤波、有稳压 (闭合 K)	$U_o =$ /V	

2. 集成稳压电路

按图 19 - 3 所示连接三端集成稳压电路，分别测量在空载 $R_{L0} = \infty$、轻载 $R_{L1} = 510\,\Omega$、重载 $R_{L2} = 100\,\Omega$ 情况下的输出电压：U_{3L0}、U_{3L1}、U_{3L2}，将测量数据填入表 19 - 3 中。

表 19 - 3

条件	测量数据				计算数据
	输入端电压	输出端电压			$\dfrac{U_{3L0} - U_{3L2}}{U_{3L0}}$
	U_1/V	$R_L = \infty$	$R_L = 510\,\Omega$	$R_L = 100\,\Omega$	
		U_{3L0}/V	U_{3L1}/V	U_{3L2}/V	
整流滤波电路					
三端集成稳压电路					

五、 实验报告要求

（1）在表 19 - 2、表 19 - 3 中填入测量数据和计算数据，并描绘出各电压波形。

（2）分析表 19 - 3 中的数据，比较当负载 R_L 变化时，不接稳压电路及接入稳压电路时输出电压 U_3 的变化情况。

实验二十

光控 LED 小夜灯电路制作

一、 实验目的

（1）熟悉无变压器整流滤波电路的工作原理；

（2）掌握 LED（发光二极管）的特性及应用；

（3）锻炼电子电路制作技能。

二、 实验内容

（1）学习 LED 的特性；

（2）学习无变压器整流滤波电路的工作原理；

（3）完成 LED 小夜灯电路制作。

三、实验原理

以 LED 为光源的小夜灯，不仅可以用于夜间照明，还可利用不同的颜色光，配以一些小饰品作为装饰品，美化家居环境。

1. LED 的特性

发光二极管（英文缩写为 LED）是半导体二极管的一种，可把电能转化成光能，与普通二极管一样，由一个 PN 结组成，也具有单向导电性。给发光二极管加上一定的正向电压后，半导体内的电子和空穴复合，产生自发辐射的荧光。

不同光色 LED 的半导体材料不同，在相同电流的情况下，亮度不一样，它们导通时的正向压降也不一样。白光 LED 的正向压降为 2.5～3.5 V。

小功率 LED 的正向极限电流 I_{Fm} 多在 50 mA 左右，而且其光衰电流 I_F 不能大于 $I_{Fm}/3$，大约为 15～18 mA。LED 的发光强度仅在一定范围内与 I_F 成正比，当 $I_F > 20$ mA 时，亮度的增强已无法用肉眼分辨，实际亮度已经没有增加了。因此，LED 的工作电流一般选在 17 mA 左右较为合理，此时 LED 的电光转换效率较高，LED 的光衰电流合理。

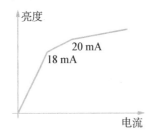

图20-1 小功率 LED 电流与亮度的关系

图 20-1 所示是小功率 LED 的工作电流与亮度的关系图。小功率 LED 在电流为 15 mA 时温度开始上升，温度上升使 LED 的光衰加速。对于 LED 来说，温度是它寿命的克星，要想延长 LED 的使用寿命，必须考虑 LED 的电流和温升的关系。

2. 实验电路

图 20-2 所示是两种小夜灯电路。其中，图（a）电路是最简单的（没有光控功能）；图（b）电路有光控功能。这两个电路的重要共同点是都使用无变压器整流滤波电路作为电源。由于采用变压器降压供电体积大、能耗多（当然其优点是使用安全），因此，作为小体积、低成本的小夜灯，可用以容抗 X_C 为 LED 灯作镇流的交流电网供电，但电路未与电网隔离，使用中须注意安全。

以上电路中，电容 C 的作用是降压、限流，与 C 并联的 1 M 电阻为 C 提供放电回路（因为右边的主电路工作时，C 充有较高电压，当主电路停止工作时，会受到该电压的冲击，所以要用 1 M 电阻把它放掉）。电路的总电流 I（有效值）由镇

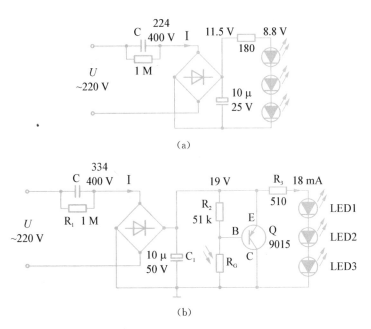

图 20 - 2 LED 小夜灯电路

流电容 C 的容量决定，其关系式为

$$I = U/X_C = 2\pi fCU = 69\,080C\,(\text{A})。$$

式中，$U = 220\,\text{V}$，$f = 50\,\text{Hz}$。

电容 C 的耐压应为 $U_C \geqslant \sqrt{2}U$（即 $311\,\text{V}$），因此应选 $400\,\text{V}$ 耐压的电容器，见表 20 - 1。

表 20 - 1

C 的容值	总电流 I/mA	C 的容值/μF	总电流 I/mA
104(0.1 μ)	6.9	1	69
224(0.22 μ)	15	2.2	150
334(0.33 μ)	23	3.3	230
474(0.47 μ)	32	4.7	320

在图 20 - 2(b)所示电路中，R_G 为光敏电阻，其特性是亮阻小、暗阻大。白天时，由于 R_G 受到自然光的照射呈现低阻值，由 R_2、R_G 组成的分压电路使 Q 的 $V_{EB} < 0.3\,\text{V}$，于是 Q 导通、V_{EC} 呈现低值，电流从 Q 的 E 极、C 极流过，LED 不亮。

天黑后,R_G 因无光照而呈现高阻值,于是 Q 截止、V_{EC} 呈现高值,LED 通电发光。

四、 实验设备与器材

通用电路板、电路中的各元件、导线、电烙铁、辅助工具、焊锡、松香。

五、 实验步骤

(1) 认真学习 LED 的有关知识,掌握如何合理使用 LED。

(2) 焊接电路:

① 根据图 20-2(b)电路原理图,自己设计元件布局、布线图;

② 在通用板上插、焊元件和连线(注意元件的极性),完成整机电路焊接。

(3) 工艺要求:

① 元器件在通用电路板上整体排版均匀(不要太密),管脚长短适中;

② 电路板上要引出两个接线柱,便于 220 V 电源的接入。

(4) 调试、测试:

① 安装焊接好后,务必对电路进行安全检查(用万用表检查插头两端有无短路现象);

② 通电调试:用纸张遮挡 R_G 的方法,营造环境亮度的亮、暗变化,观察 LED 是否有亮、灭变化,若无,则需断电检修,直至正常。

六、 实验结果、分析

(1) 电路焊接是否完成?

(2) 电路是否实现光控功能?

(3) 在制作过程中,出现什么故障? 如何解决?

附:元件清单

序号	电路标号	名称	型号与规格	单元用量
1		通用电路板	7 cm×5 cm	1块
2	C	涤纶电容	0.33 μF/400 V	1只
3	C_1	电解电容	10 μF/50 V	1只
4	整流桥	整流二极管	1N4007	4只
5	Q	三极管	9015(PNP)	1只

续　表

序号	电路标号	名称	型号与规格	单元用量
6	LED1～LED 3	发光二极管	Φ3(白光)	3 只
7	R_G	热敏电阻	1 MΩ～2 kΩ	1 只
8	R_1	碳膜电阻	1 MΩ、1/4 W	1 只
9	R_2	碳膜电阻	51 kΩ、1/4 W	1 只
10	R_3	碳膜电阻	510 Ω、1/4 W	1 只
11		带插头电源线	220 V	1 条

实验二十一

集成运放的线性应用 1

一、实验目的

(1) 掌握集成运算放大器的基本使用方法；

(2) 熟悉集成运算放大器的基本运算电路的设计方法；

(3) 验证由集成运算放大器组成的比例运算电路的输入输出关系；

(4) 理解运算放大器电源使用的不对称性。

二、实验原理

集成运算放大器是一种具有很高放大倍数的多级直接耦合放大器(以下简称运放)，它具有体积小、可靠性高、通用性强等优点，在控制与测量技术中都得到了广泛的应用。

要使运算放大器工作在线性区，必须在电路中外接一些电阻、电容等元件引入深度负反馈，从而构成各种不同功能的运算电路，如比例、加法、积分和微分等运算电路。为了减小因输入偏置电流引起的误差，要求在静态时同相输入端和反相输入端对"⊥"的电阻值相等。

本实验所用运放为通用集成运算放大器 LM358，其管脚少、使用方便，但其频率响应只有 100 kHz 左右。图 21 - 1 所示为 LM358 引脚的排列和功能标识。

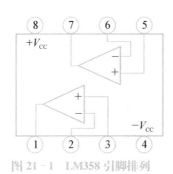 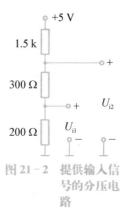

图 21 - 1 LM358 引脚排列　　图 21 - 2 提供输入信号的分压电路

每片 LM358 内部有两个完全相同的运算放大器，双列直插式（DIP8）封装，其主要参数见表 21 - 1。

表 21 - 1

差模电压增益	输出电流	输入电阻 r_i	工作电压 V_{CC}	最大输出电压 U_o
10^5（100 dB）	20 mA	1 MΩ	±3～±15 V	≈（V_{CC} − 1.5 V）

理想运放在线性应用时的两个重要特性：

（1）输出电压 U_o 与输入电压之间满足关系式：$U_o = A_{ud}(U_+ - U_-)$。由于开环电压增益 $A_{ud} = \infty$，而 U_o 为有限值，因此 $U_+ - U_- \approx 0$，即 $U_+ \approx U_-$ 称为虚短。

（2）由于 $r_i = \infty$，故流进运放两个输入端的电流可视为零，即 $I_i = 0$ 称为虚断。这说明了，运放对其前级吸取电流极小。

上述两个特性是分析理想运放应用电路的基本原则，可简化运放电路的计算。图 21 - 2 所示为提供输入信号的分压电路，可输出两个大小不同的电压 U_{i1}、U_{i2}，作为比例、加法、减法运算电路的输入信号。

运放既可以处理直流信号，也可以处理交流信号。以下是两个基本运算电路。

1. 反相比例运算电路

反相比例运算电路如图 21 - 3 所示，对于理想运放，该电路的输出电压与输入电压之间的关系为

$$U_o = -\frac{R_F}{R_1}U_i, \quad A_u = \frac{U_o}{U_i} = -\frac{R_F}{R_1}。$$

式中，"−"号表示 U_o 与 U_i 反相。

为了减小输入级偏置电流引起的运算误差，在同相输入端应接入平衡电阻 R_2（R_2

$= R_1 \mathbin{/\mkern-5mu/} R_F)$。当 $R_1 = R_F$ 时,得到如图 21-4 所示的反相器(通常用于处理交流信号)。

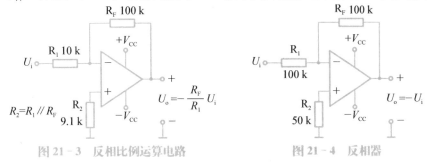

图 21-3 反相比例运算电路

图 21-4 反相器

2. 同相比例运算电路

图 21-5 所示是同相比例运算电路,它的输出电压与输入电压之间的关系为

$$U_o = \left(1 + \frac{R_F}{R_1}\right)U_i, \quad R_2 = R_1 \mathbin{/\mkern-5mu/} R_F。$$

当 $R_1 \to \infty$ 时,$U_o = U_i$,即得到如图 21-6 所示的电压跟随器。图中 $R_2 = R_F$,用以减小漂移和起保护作用。一般 R_F 取 10 kΩ,R_F 太小起不到保护作用,太大则影响跟随性。

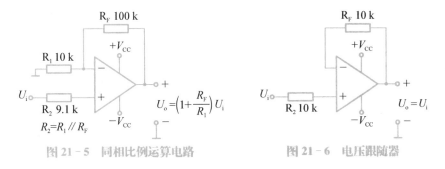

图 21-5 同相比例运算电路

图 21-6 电压跟随器

3. 集成运放电源使用的不对称性

把图 21-3 所示电路的电源调成 $+V_{CC} = +12\,\text{V}$,$-V_{CC} = -5\,\text{V}$,如图 21-7 所示。

对于交流信号,只要 U_o 不超过电源的动态范围 $(\pm V_{CC} \times 90\%)$,就不会出现削顶失真。就图 21-7 电路而言,只要 $U_i \leqslant 0.9\,\text{V}$,$U_o$ 就不会失真,其波形如图 21-8 所示。

三、实验仪器与设备

双踪示波器一台、信号发生器一台、万用表一只、集成运放实验组件一件。

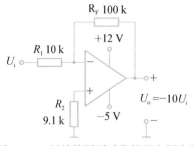

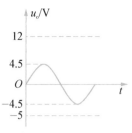

图 21-7 运放使用不对称性双电源电路   图 21-8 U_o 的波形

四、 实验内容与步骤

实验前看清运算放大器引脚的排列,切忌正、负电源极性接反和输出端短路,否则将会损坏集成块。运放电源 $\pm V_{CC}$ 接 $+5$ V 和 -5 V,分压电路接 $+5$ V 电源。

实验时,改接电路应先断开电源,严禁带电换接元件。

1. 反相比例运算电路(实验组件 MDZ-7-4)

(1) 按图 21-3 所示连接电路,接通电源($\pm V_{CC} = \pm 5$ V)。

(2) 输入直流电压 U_i(<0.5 V),用万用表测量 U_i 和 U_o 的值,记入表 21-2 中。

表 21-2

输入直流电压 U_i	输出电压 $U_o = -10U_i$	
测量值/V	测量值/V	计算值/V

(3) 输入改为交流电压 U_i(正弦波 $V_{P-P} < 1.0$ V,要确保 U_o 不失真)。

(4) 用双踪示波器同时观测 U_i 和 U_o(注意观察两者的相位关系),把测量值记入表 21-3 中。

表 21-3

输入交流电压 U_i	输出电压 $U_o = -10U_i$	
测量值/V	测量值/V	计算值/V

2. 同相比例运算电路(实验组件 MDZ - 7 - 3)

(1) 按图 21 - 5 所示连接电路,接通电源($\pm V_{CC} = \pm 5$ V)。

(2) 输入直流电压 U_i(<0.4 V),用万用表测量 U_i 和 U_o 的值,记入表 21 - 4 中。

表 21 - 4

输入直流电压 U_i	输出电压 $U_o = 11U_i$	
测量值/V	测量值/V	计算值/V

(3) 输入改为交流电压 U_i(正弦波 $V_{P-P} < 0.9$ V,要确保 U_o 不失真)。

(4) 用双踪示波器同时观测 U_i 和 U_o(注意观察两者的相位关系),把测量值记入表 21 - 5 中。

表 21 - 5

输入交流电压 U_i	输出电压 $U_o = 11U_i$	
测量值/V	测量值/V	计算值/V

3. 集成运放电源使用的不对称性(实验组件 MDZ - 7 - 4)

(1) 按图 21 - 3 所示连接电路,把电源调成 $+V_{CC} = +12$ V,$-V_{CC} = -5$ V。

(2) 输入正弦波信号 U_i(先把 U_i 的 V_{P-P} 设为 1.2 V)。

(3) 用双踪示波器同时观测 U_i 和 U_o(注意观察 U_o 是否失真)。

(4) 把 U_i 逐渐调小,直到 U_o 不失真,这时测量 U_i 和 U_o,记入表 21 - 6 中。

表 21 - 6

输入直流电压 U_i	不失真的输出电压 $U_o = -10U_i$	
测量值/V	测量值/V	计算值/V

五、 实验报告要求

(1) 画出反相比例和同相比例运算电路(要标明各元器件的标称值)。

(2) 绘制表 21 - 2~表 21 - 6,填入测量数据与计算结果。

(3) 比较表中的测量结果与计算结果,分析产生偏差的原因。

实验二十二

集成运放的线性应用 2

一、实验目的

(1) 掌握集成运算放大器的基本使用方法;

(2) 验证由集成运算放大器组成的加法、减法电路的输入输出关系;

(3) 了解运算放大器在实际应用时应注意的一些问题。

二、实验原理

1. 反相加法运算电路

反相加法运算电路如图 22 - 1 所示,输出电压与输入电压之间的关系为

$$U_o = -\left(\frac{R_F}{R_1}U_{i1} + \frac{R_F}{R_2}U_{i2}\right),$$

式中"一"号表示 U_o 与 U_i 反相。为了减小输入级偏置电流引起的运算误差,在同相输入端应接入平衡电阻 R_3($R_3 = R_1 \mathbin{/\mkern-5mu/} R_2 \mathbin{/\mkern-5mu/} R_F$)。

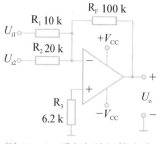

图 22 - 1 反相加法运算电路

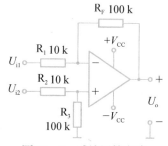

图 22 - 2 减法运算电路

2. 减法运算器(减法器)

对于图 22 - 2 所示的减法运算电路,当 $R_1 = R_2$,$R_3 = R_F$ 时,输出电压与输入电压之间的关系为

$$U_o = \frac{R_F}{R_1}(U_{i2} - U_{i1}).$$

三、 实验仪器与设备

双踪示波器一台、信号发生器一台、万用表一只、集成运放实验组件一件。

四、 实验内容与步骤

1. 反相加法运算电路(实验组件 MDZ - 7 - 8)

(1) 按图 22 - 1 所示连接电路,接通电源($\pm V_{CC} = \pm 5$ V)。

(2) 输入直流电压 U_{i1}、U_{i2},用万用表测量 U_{i1}、U_{i2} 和 U_o 的值,记入表 22 - 1 中。

表 22 - 1

输入电压 U_i		输出电压 U_o	
U_{i1}/V	U_{i2}/V	测量值/V	计算值/V

2. 减法运算器(减法器)(实验组件 MDZ - 7 - 7)

(1) 按图 22 - 2 所示连接电路,由分压电路提供输入电压 U_{i1}。

(2) 输入直流电压 U_{i1}、U_{i2},用万用表测量 U_{i1}、U_{i2} 和 U_o 的值,记入表 22 - 2 中。

表 22 - 2

输入电压 U_i		输出电压 U_o	
U_{i1}/V	U_{i2}/V	测量值/V	计算值/V

五、 实验报告要求

(1) 画出反相加法和差分减法运算电路(要标明各元器件的标称值)。

(2) 绘制表 22 - 1、表 22 - 2,填入测量数据与计算结果。

(3) 比较表中的测量结果与计算结果,分析产生偏差的原因。

实验二十三

集成运放的线性应用3

一、实验目的

(1) 掌握集成运算放大器的基本使用方法；

(2) 验证由集成运算放大器组成的积分、微分运算电路的输入输出关系；

(3) 了解积分运算电路和微分运算电路的基本作用。

二、实验原理

1. 积分运算电路

积分运算电路如图 23-1 所示。在理想化条件下，输出电压 u_o 为

$$u_o(t) = -\frac{1}{R_1 C}\int_0^t u_i \, dt + u_c(0) \text{。}$$

式中，$u_c(0)$ 是 $t = 0$ 时刻电容 C 两端的电压值，即初始值。

如果 $u_i(t)$ 是幅值为 E 的阶跃电压，并设 $u_c(0) = 0$，则

$$u_o(t) = -\frac{1}{R_1 C}\int_0^t E \, dt = -\frac{E}{R_1 C}t \text{，}$$

即输出电压 $u_0(t)$ 随时间增长而线性下降。显然，$R_1 C$（积分时间常数）的数值越大，达到最大值所需的时间就越长。积分输出电压所能达到的最大值，受集成运放最大输出范围的限值。积分运算电路在脉冲技术中，可用来进行波形变换（矩形波变换为三角波）。

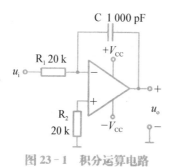

图 23-1 积分运算电路

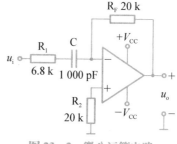

图 23-2 微分运算电路

2. 微分运算电路

微分运算电路如图 23 - 2 所示。在理想化条件下,输出电压 u_0 为

$$u_0(t) = -R_F C \frac{\mathrm{d}u_i}{\mathrm{d}t},$$

$R_F C$ 为微分时间常数。

微分运算电路在脉冲技术中,可用来进行波形变换(三角波变换为矩形波)。

三、 实验仪器与设备

双踪示波器一台、信号发生器一台、万用表一只、集成运放实验组件一件。

四、 实验内容与步骤

1. 积分运算电路

按图 23 - 1 所示连接电路。由信号发生器输出一个频率 $f = 1\,\mathrm{kHz}$、幅值为 $0.2\,\mathrm{V}$、空比为 $1/2$(即脉冲宽度为脉冲周期的 $1/2$)的正方波加至积分电路的输入端,用示波器观察 u_i 和 u_0,将波形绘入表 23 - 1 中,并标出 u_0 的幅值。

表 23 - 1

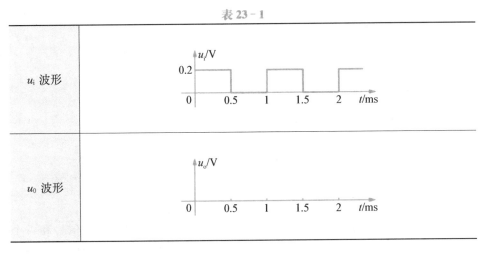

2. 微分运算电路

按图 23 - 2 所示连接电路。由信号发生器输出一个频率 $f = 1\,\mathrm{kHz}$、幅值为 $0.2\,\mathrm{V}$ 的三角波加至微分电路的输入端,用示波器观察 u_i 和 u_0,将波形绘入表 23 - 2 中,并标出 u_0 的幅值。

表 23 - 2

u_i 波形	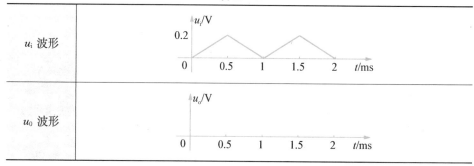
u_0 波形	

五、 实验报告要求

(1) 画出积分、微分运算电路(要标明各元器件的标称值)。

(2) 绘制表 23 - 1、表 23 - 2,绘出观察到的波形,并填入测量数据。

实验二十四
集成运放的非线性应用

一、 实验目的

(1) 掌握电压比较器的电路构成及特点;

(2) 学会测试比较器的方法;

(3) 了解电压比较器的基本作用。

二、 实验原理

电压比较器是集成运放非线性应用电路,它将一个模拟量电压信号和一个参考电压相比较,在两者幅度相等的附近,输出电压将产生跃变,相应输出高电平或低电平。比较器只有两个输出值:①当 $u_+ > u_-$ 时,$U_o = U_{om}$;②当 $u_- > u_+$ 时,$U_o = -U_{om}$。比较器可以组成非正弦波形变换电路,可应用于模拟与数字信号转换等领域。

图 24 - 1 所示是一个简单的电压比较器。其中,U_R 为参考电压,加在运放的同相输入端;输入电压 u_i 加在反相输入端;D_Z 起输出限幅作用。

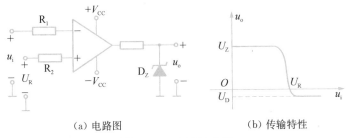

(a) 电路图   (b) 传输特性

图 24 - 1 电压比较器

当 $u_i < U_R$ 时,运放输出高电平,稳压管 Dz 反向稳压工作。输出端电位被其箝位在稳压管的稳定电压 U_Z,即 $u_o = U_Z$。

当 $u_i > U_R$ 时,运放输出低电平,Dz 正向导通,输出电压等于稳压管的正向压降 U_D,即 $u_o = -U_D$。

因此,以 U_R 为界,当输入电压 u_i 变化时,输出端反映出两种状态:高电位和低电位。

表示输出电压与输入电压之间关系的特性曲线,称为传输特性,图 24 - 1(b) 所示为(a)图比较器的传输特性。常用的电压比较器有过零比较器、滞回特性过零比较器、双限比较器(又称窗口比较器)等。

1. 过零比较器

图 24 - 2 所示为加限幅电路的过零比较器电路,Dz 为限幅稳压管。过零比较器结构简单,灵敏度高,但抗干扰能力差。

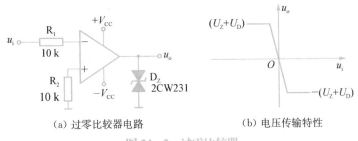

(a) 过零比较器电路   (b) 电压传输特性

图 24 - 2 过零比较器

信号从运放的反相输入端输入,参考电压为零,从同相端输入。当 $U_i > 0$ 时,输出 $U_o = -(U_Z + U_D)$,当 $U_i < 0$ 时,$U_o = +(U_Z + U_D)$。其电压传输特性如图 24 - 2(b) 所示。

2. 滞回比较器(双门限比较器)

图 24 - 3 所示为具有滞回特性的过零比较器。过零比较器在实际工作时,如果 u_i 恰好在过零值附近,则由于零点漂移的存在,u_o 将不断由一个极限值转换

到另一个极限值,这在控制系统中,对执行机构将是很不利的。为此,就需要输出特性具有滞回现象。如图 24-3 所示,从输出端引一个电阻分压正反馈支路到同相输入端,若 u_o 改变状态,Σ 点也随着改变电位,使过零点离开原来位置。

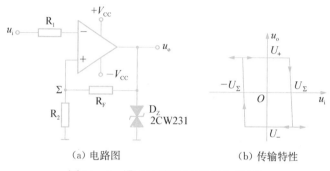

(a) 电路图　　　　　(b) 传输特性

图 24-3　滞回比较器(双门限比较器)

当 u_o 为正(记作 U_+),则当 $u_i > U_\Sigma$ 后,$U_\Sigma = \dfrac{R_2}{R_F + R_2} U_+$,$u_o$ 即由正变负(记作 U_-),此时 U_Σ 变为 $-U_\Sigma$。故只有当 u_i 下降到 $-U_\Sigma$ 以下,才能使 u_o 再度回升到 U_+,于是出现图 24-3(b)中所示的滞回特性。这里,$U_+ = (U_Z + U_D)$,$U_- = -(U_Z + U_D)$。

$-U_\Sigma$ 与 U_Σ 的差别称为回差,改变 R_2 的数值可以改变回差的大小。

3. 窗口比较器

简单的比较器仅能鉴别输入电压 u_i 比参考电压 U_R 高或低的情况。窗口比较电路是由两个简单比较器组成,如图 24-4 所示,它能指示出 u_i 值是否处于 U_{R+} 和 U_{R-} 之间($U_{R+} > U_{R-}$)。

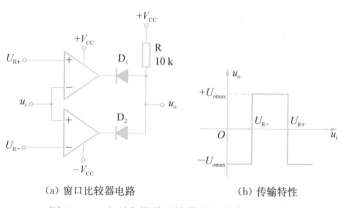

(a) 窗口比较器电路　　　　　(b) 传输特性

图 24-4　由两个简单比较器组成的窗口比较器

如果 $U_{R-} < u_i < U_{R+}$，输出电压 U_o 等于运放的正饱和输出电压（$+U_{omax}$）；

如果 $u_i < U_{R-}$ 或 $u_i > U_{R+}$，则 U_o 等于运放的负饱和输出电压（$-U_{omax}$）。

三、 实验设备与器件

双踪示波器一台、信号发生器一台、万用表一个、集成运放实验组件一件。

四、 实验内容与步骤

1. 过零比较器（MDZ-7-9）

实验电路如图 24-2(a) 所示。

(1) 接通±12 V 电源。

(2) u_i 悬空时，用万用表测量 U_o 值，并记入表 24-1 中。

(3) u_i 输入 500 Hz、幅值为 1 V 的正弦信号，用双踪示波器同时观察 u_i、u_o 波形，并记录到表 24-1 中。

表 24-1

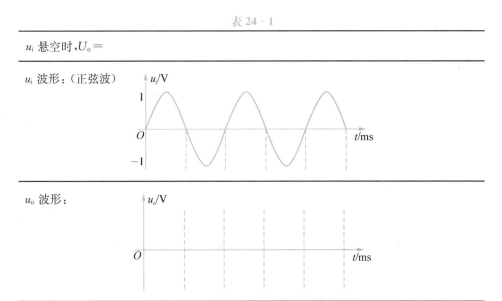

u_i 悬空时，$U_o =$
u_i 波形：（正弦波）
u_o 波形：

2. 反相滞回比较器（双门限比较器）

实验电路如图 24-3(a) 所示。

(1) 接通±12 V 电源。

(2) u_i 接可调直流电源，调节 u_i（逐渐增大），用万用表监测 u_o，测出 u_o 由

$+U_{omax} \rightarrow -U_{omax}$ 时 u_i 的临界值 U_Σ，并记入表 24-2 中。

（3）同上，调节 u_i（逐渐减小），测出 u_o 由 $-U_{omax} \rightarrow +U_{omax}$ 时 u_i 的临界值 $-U_\Sigma$，并记入表 24-2 中。

（4）u_i 输入 500 Hz、峰—峰值为 2 V 的正弦信号，用双踪示波器同时观察 u_i、u_o 波形，并记录到表 24-2 中。

表 24-2

u_o 由 $+U_{omax} \rightarrow -U_{omax}$ 时 u_i 的临界值 $U_\Sigma =$
u_o 由 $-U_{omax} \rightarrow +U_{omax}$ 时 u_i 的临界值 $-U_\Sigma =$

u_i 波形：（正弦波）

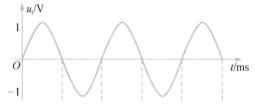

u_o 波形：

五、实验总结

（1）画出过零比较器、滞回比较器电路（要标明各元器件的标称值）。

（2）绘制表 24-1、表 24-2，填入测量数据、绘出观察到的波形。

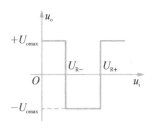

图 24-5　窗口比较器传输特性

（3）总结几种比较器的特点，阐明它们的应用。

（4）若要将图 24-4(b) 所示窗口比较器的电压传输曲线高、低电平对调，如图 24-5 所示，应如何改动比较器电路？

（5）图 24-6 所示的恒温自动控制电路，是电压比较器的一种典型应用。试分析该电路的工作原理（NTC 是负温阻特性的热敏电阻，即温度升高阻值减小）。

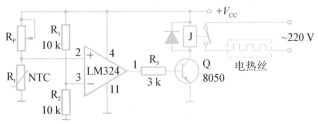

图 24 - 6　恒温自动控制电路

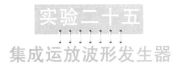

集成运放波形发生器

一、实验目的

(1) 用集成运算放大器组成正弦波发生器、矩形波发生器；

(2) 观察正弦波发生器中二极管的稳幅作用；

(3) 观察矩形波发生器中稳压二极管的限幅作用。

二、实验原理

1. RC 桥式正弦波发生器(文氏电桥振荡器)

图 25 - 1 所示为 R_C 桥式正弦波发生器。其中 RC 串、并联电路构成正反馈支路，同时兼作选频网络，R_1、R_2、R_W 及二极管等元件构成负反馈和稳幅环节。调节电位器 R_W，可以改变负反馈深度，以满足振荡的振幅条件和改善波形。利用两个反向并联二极管 D_1、D_2 正向电阻的非线性特性来实现稳幅。D_1、D_2 采用硅管(温度稳定性好)，且要求特性匹配，才能保证输出波形正、负半周对称。R_3 的接入是为了削弱二极管非线性的影响，以改善波形失真。

电路的振荡频率：$f_0 = \dfrac{1}{2\pi RC}$。

起振的幅值条件：$A_f F \geqslant 1$，$F = \dfrac{1}{3}$，$A_f = \left(1 + \dfrac{R_F}{R_1}\right)$。

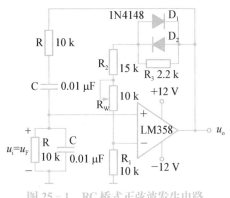

图 25 - 1　RC 桥式正弦波发生电路

即 $\left(1+\dfrac{R_F}{R_1}\right)\geqslant 3$，得 $\dfrac{R_F}{R_1}\geqslant 2$。式中，$R_F = R_W + R_2 + (R_3 /\!/ r_D)$，$r_D$ 为二极管正向导通电阻。

调整反馈电阻 R_F（调 R_W），使电路起振，且波形失真最小。如不能起振，则说明负反馈太强，应适当加大 R_F。如波形失真严重，则应适当减小 R_F。

改变选频网络的参数 R 或 C，即可调节振荡频率。一般采用改变电容 C 作频率量程切换，而调节 R 作量程内的频率细调。

2. 矩形波发生器（实验组件 MDZ - 7 - 12、MDZ - 4 - 8）

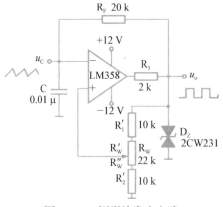

图 25 - 2 矩形波发生电路

由集成运放构成的矩形波发生器和三角波发生器，一般均包括比较器和 RC 积分器两大部分。图 25 - 2 所示为由滞回比较器及简单 RC 积分电路组成的矩形波——三角波发生器。它的特点是线路简单，但三角波的线性度较差。主要用于产生矩形波，或对三角波要求不高的场合。

电路的振荡频率为：

$$f_0 = \frac{1}{2R_F C \ln\left(1 + \dfrac{2R_2}{R_1}\right)},$$

式中，$R_1 = R_1' + R_W'$，$R_2 = R_2' + R_W''$。

矩形波输出幅值：$U_{om} = \pm U_Z$。

三角波输出幅值：$U_{cm} = \dfrac{R_2}{R_1 + R_2} U_Z$。

调节电位器 R_W（即改变 R_2/R_1），可以改变振荡频率，但三角波的幅值也随之变化。如要互不影响，则可通过改变 R_F（或 C）来实现振荡频率的调节。

三、 实验仪器与设备

双踪示波器一台、万用表一个、正弦波振荡器实验组件一件。

四、 实验内容与步骤

1. 正弦波发生电路

（1）按图 25 - 1 所示连接正弦波发生电路。

（2）调节电位器 R_W 的阻值，使电路起振，并输出一个最大不失真的正弦波

形 u_o,用示波器测量 u_o 的频率 f_o 及幅值,记录于表 25-1 中($R = 10\ \text{k}\Omega$)。

表 25-1

测量值	频率 $f_o =$	u_o 的幅值 $U_o =$
计算值	频率 $f_o =$	

u_o 波形:

u_F 波形:

(3) 同时观察 u_o 与 u_F 的波形并记录于表 25-1 中,理解 u_o 与 u_F 的关系。

(4) 改变 RC 选频网络的电阻值,取 $R = 20\ \text{k}\Omega$,测量 u_o 的频率 f_o 及 u_o 的幅值,同时观察 u_o 与 u_F 的波形,并记录于表 25-2($R = 20\ \text{k}\Omega$)中。

表 25-2

测量值	频率 $f_o =$	u_o 的幅值 $U_o =$
计算值	频率 $f_o =$	

u_o 波形:

u_F 波形:

(5) 去掉二极管,测量 u_o 的频率 f_o 及幅值,同时观察 u_o 与 u_F 的波形,并记录于表 25-3(去掉二极管, $R = 10\ \text{k}\Omega$)中,进而了解二极管的稳幅作用。

表 25 - 3

测量值	频率 $f_\circ=$	$u_\circ$ 的幅值 $U_\circ=$
计算值	频率 $f_\circ=$	

$u_\circ$ 波形：

u_F 波形：

2. 矩形波发生电路

(1) 按图 25 - 2 所示连接矩形波发生电路。

(2) 用示波器观察 $u_\circ$ 与 u_C 的波形，在表 25 - 4($R_F = 20$ kΩ)内画出波形图，并用示波器测量 $u_\circ$ 的幅值及频率。

表 25 - 4

测量值	频率 $f_\circ=$	$u_\circ$ 的幅值 $U_{om}=$

$u_\circ$ 波形：

u_c 波形：

(3) 改变 R_F，使 $R_F = 100$ kΩ，重复步骤(2)，将波形、数据记录于表 25 - 5($R_F = 100$kΩ)中。

表 25 - 5

测量值	频率 $f_\circ=$	$u_\circ$ 的幅值 $U_{om}=$

$u_\circ$ 波形：

u_c 波形：

五、　实验报告要求

(1) 绘出数据表格及波形,记录实验数据,比较理论值与测量值的大小。

(2) 在图 25 - 1 电路中,改变 R_W 的阻值,对电路的工作状态有何影响?

(3) 在图 25 - 2 电路中,改变 R_W 的阻值,会对电路的哪些物理量有影响?

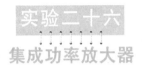

实验二十六
集成功率放大器

一、　实验目的

(1) 了解功率放大集成块的应用;

(2) 理解功率放大器主要技术指标的含义;

(3) 掌握集成功率放大器基本技术指标的测试。

二、　实验原理

集成功率放大器由集成功放块和一些外部阻容元件构成。它具有线路简单、性能优越、工作可靠、调试方便等优点,在音频领域中应用十分广泛。

音频功率放大器的主要技术指标有输出功率、频率响应、失真度、信噪比、输出阻抗、输入灵敏度等。

集成功放块的内部电路与一般分立元件功率放大器不同,通常包括前置级、推动级和功率级等几部分。有些还是具有一些特殊功能(消除噪声、短路保护等)的电路,其电压增益较高(不加负反馈时,电压增益达 70~80 dB;加典型负反馈时,电压增益在 40 dB 以上)。

集成功放块的种类很多,本实验采用的集成功放块型号为 LA4112。它的内部电路如图 26 - 1 所示,由三级电压放大、一级功率放大,以及偏置、恒流、反馈、退耦电路组成。

1. 电压放大级

第一级选用由 T_1 和 T_2 管组成的差动放大器,这种直接耦合的放大器零漂较小;第二级的 T_3 管完成直接耦合电路中的电平移动,T_4 是 T_3 管的恒流源负载,以获得较大的增益;第三级由 T_6 管等组成,此级增益最高,为防止出现自激

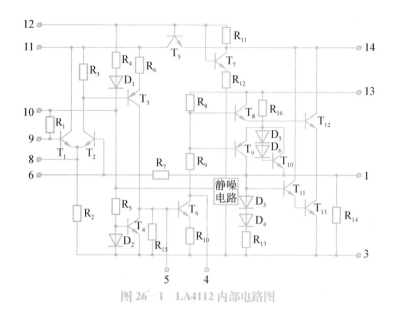

图 26 - 1 LA4112 内部电路图

振荡,需在该管的 B、C 极之间外接消振电容。

2. 功率放大级

由 $T_8 \sim T_{13}$ 等组成 OTL 复合对称互补推挽电路。为提高输出级增益和正向输出幅度,需外接自举电容。

3. 偏置电路

为建立各级合适的静态工作点而设立。

除上述主要部分外,为了使电路工作正常,还需要和外部元件一起构成反馈电路来稳定和控制增益。同时,还设有退耦电路来消除各级间的不良影响。

LA4112 集成功放块是一种塑料封装 DIP14 的通孔型器件,它的外形如图 26 - 2 所示。表 26 - 1、表 26 - 2 是它的极限参数和电参数。

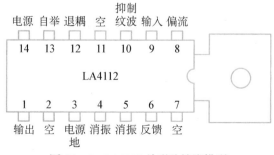

图 26 - 2 LA4112 外形及管脚排列

表 26 - 1

参数	物理量符号	额定值
最大电源电压	$u_{CC\,max}/V$	13
允许功耗	P_O/W	2.25
工作温度	$T_{Opr}/℃$	$-20\sim+70$

表 26 - 2

参数	物理量符号	测试条件	典型值
工作电压	u_{CC}/V		9
静态电流	I_{CCQ}/mA	$V_{CC}=9\,V$	15
开环电压增益	A_{Vo}/dB		70
输出功率	P_o/W	$R_L=4\Omega$ $f=1\,kHz$	1.7
输入阻抗	R_i/kW		20

与 LA4112 集成功放块技术指标相同的国内外产品还有 FD403、FY4112、D4112 等,可以互相替代使用。LA4112 的应用电路如图 26 - 3 所示,该电路中各电容和电阻的作用简要说明如下:

(1) C_1、C_9:输入、输出耦合电容,隔直作用。

(2) C_2 和 R_f:反馈元件,决定电路的闭环增益。

(3) C_3、C_4、C_8:滤波、退耦电容。

(4) C_5、C_6、C_{10}:消振电容,消除寄生振荡。

(5) C_7:自举电容,若无此电容,将出现输出波形半边被削波的现象。

三、 实验设备与器件

9 V 直流稳压电源、直流电压表、8 Ω 扬声器、信号发生器、电流毫安表、电阻、电容若干、双踪示波器、频率计、交流毫伏表、集成功放实验组件。

四、 实验内容与步骤

按图 26 - 3 所示连接实验电路,输入端接信号发生器,输出端接扬声器。

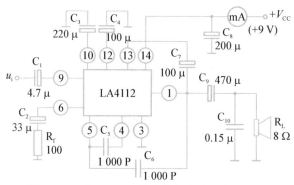

图 26-3 由 LA4112 构成的集成功放实验电路

注意：

（1）电源电压不允许超过极限值，不允许极性接反，否则集成块将遭损坏。

（2）电路工作时绝对避免负载短路，否则将烧毁集成块。

（3）接通电源后，时刻注意集成块的温度，有时，未加输入信号集成块就发热过甚，同时直流毫安表指示出较大电流及示波器显示出幅度较大、频率较高的波形，说明电路有自激现象，应即关机，然后分析故障、处理。待自激振荡消除后，才能重新实验。

（4）输入信号不要过大。

1. 静态测试

将输入信号旋钮旋至零，接通+9 V 直流电源，测量静态总电流及集成块各引脚对地电压，记入表 26-3 中。

表 26-3

引脚	14	13	12	11	10	9	8
电压/V							
引脚	1	2	3	4	5	6	7
电压/V							
静态总电流：							

2. 动态测试

（1）最大输出功率。输入端接 1 kHz 正弦信号，输出端用示波器观察输出电压波形，逐渐加大输入信号幅度，使输出电压为最大不失真输出，用交流毫伏表测量此时的输出电压 U_{om}，则最大输出功率 $P_{om} = \dfrac{U_{om}^2}{R_L}$。

（2）研究自举电路的作用：

① 测量有自举电路，且 $P_o = P_{omax}$ 时的电压增益 $A_V = \dfrac{U_{om}}{U_i}$；

② 将 C_7 开路，再测量 $P_o = P_{omax}$ 的 A_V。

用示波器观察①、②两种情况下的输出电压波形，并将以上两项测量结果进行比较，分析研究自举电路的作用。

（3）输入灵敏度。输入灵敏度是指输出最大不失真功率时，输入信号 U_i 的值（要求 $U_i < 100\ mV$），只要测出 $U_o = U_{om}$ 时的输入电压值 U_i 即可。

（4）频率响应的测试。保持输入信号 u_i 的幅度不变，改变信号源频率 f，逐点测出相应的输出电压 U_o，记入表 26 - 4 中。

表 26 - 4　　　　　　　　　　　　　　　　　　　（$U_i =$ 　　 mV）

f/Hz		f_L				f_M		f_H		
f/Hz	20	50	100	500	800	1 k	2 k	4 k	10 k	15 k	20 k
U_o/V											
$A_V = U_o/U_i$											

在测试时，为保证电路的安全，应在较低电压下进行，通常取输入信号为输入灵敏度的 50%。在整个测试过程中，应保持 U_i 为恒定值，且输出波形不得失真。

（5）噪声电压的测试。测量时将输入端短路（$u_i = 0$），观察输出噪声波形，并用交流毫伏表测量输出电压，即为噪声电压 U_N，本电路若 $U_N < 2.5\ mV$，即满足要求。

五、 实验报告要求

（1）整理实验数据，并进行分析。

（2）根据表 26 - 4 数据画出频率响应曲线。

（3）记录实验中发生的问题及解决办法。

（4）若在无输入信号时，从接在输出端的示波器上观察到频率较高的波形，正常否？如何消除？

第三章 数字电子技术

实验二十七
基本逻辑门电路

一、实验目的

(1) 掌握各种基本逻辑门电路的逻辑功能及其使用方法;

(2) 熟悉 TTL 集成逻辑门电路和 CMOS 集成逻辑门电路的异同点;

(3) 学会集成逻辑门电路逻辑功能的测试方法。

二、实验原理

集成逻辑门电路有 TTL 和 CMOS 两大类,常用的 74LSxx 为 TTL 逻辑门电路、CDxxxx 为 CMOS 逻辑门电路,74HCxx 为高速 CMOS 逻辑门电路,与 74LSxx 可以直接互换。集成逻辑门电路是数字电路中应用十分广泛的最基本的器件之一。TTL 逻辑门电路对电源电压要求较严,电源电压 V_{CC} 只允许在 +5 V±10% 的范围内工作,超过 5.5 V 将损坏器件;低于 4.5 V 时,器件的逻辑功能将不正常;阈值电压约为 1.4 V。CMOS 集成逻辑门电路的电源电压工作范围宽,通常为 3~18 V,阈值电压 U_T 近似等于 $V_{DD}/2$(V_{DD} 为电源电压)。所以,提高电源电压是提高 CMOS 器件抗干扰能力的有效措施。CMOS 器件功耗小,易于实现大规模集成,所以近年来发展很迅速,但其工作速度比 TTL 器件低。表 27-1 列举了 TTL 与 CMOS 电路主要性能的比较。

表 27 - 1

参数	TTL	CMOS
平均传输时间 t_{pd}	3～15 ns	50 ns
平均功耗/门	2～35 mW	0.01 mW
电源电压 V_{CC}、V_{DD}	5 V±10%	3～18 V
阈值电压 U_T	1.4 V	$V_{DD}/2$
输出高电平 U_{OH}	≥2.4 V	$=V_{DD}$
输出低电平 U_{OL}	≤0.4 V	0
最高计数频率	35～125 MHz	2 MHz
扇出系数 N_O	≥8	≥50
抗干扰能力	较强	强
工作速度	高	低
带负载能力	强	弱

常用的逻辑门电路,见表 27 - 2。

表 27 - 2

名称	逻辑符号	逻辑表达式	名称	逻辑符号	逻辑表达式
非门 (反相器)		$Y = \overline{A}$	或门		$Y = A+B$
与门		$Y = A \cdot B$	或非门		$Y = \overline{A+B}$
与非门		$Y = \overline{A \cdot B}$	异或门		$Y = A \oplus B$ $= A\overline{B}+\overline{A}B$
			异或非门		$Y = \overline{A \oplus B}$ $= A \odot B$
			与或非门		$Y =$ $A \cdot B + C \cdot D$

与非门的逻辑功能是,当输入全为 1 时,输出为 0;当输入端有一个或几个为 0 时,输出为 1。

异或门的逻辑功能是,当两输入信号相同时,其输出为低电平;当两输入信号相异时,其输出为高电平。

本实验中所用的集成芯片的引脚排列图,如图 27-1 所示。

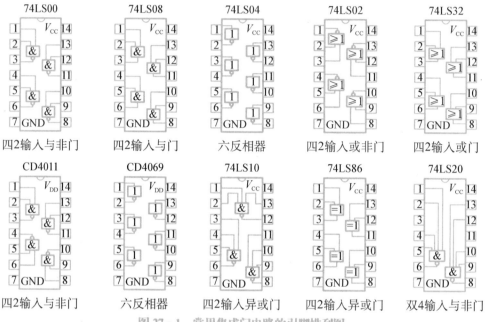

图 27-1　常用集成门电路的引脚排列图

三、 实验仪器与设备

THM-5 型数字电路实验箱,数字集成芯片 74LS00、74LS08、74LS32、74LS86。

四、 实验内容与步骤

注意:

(1)数字实验组件上的芯片不得自行取下,如需更换,需请示实验指导教师。

(2)实验前,应自行检验芯片的好坏。

(3)实验中,应在断电情况下连接或改接线路。

测试门电路的逻辑功能：

（1）测试 74LS00（四 2 输入与非门）的逻辑功能。连线图如图 27-2 所示。开关 S 向上拨（输入端悬空），相当于输入"1"；开关 S 向下拨，输入端接地，相当于输入"0"。LED 亮表示输出"1"，LED 灭表示输出"0"。通过拨动开关 S_1、S_2（或 S_3、S_4）测试，把结果填入真值表中。

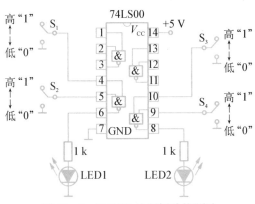

图 27-2　74LS00 的逻辑功能测试

74LS00 真值表		
输入		输出
A (S_1)	B (S_2)	$Y = \overline{A \cdot B}$ (LED)
0	0	
0	1	
1	0	
1	1	

（2）测试 74LS32（四 2 输入或门）的逻辑功能。连线图如图 27-3 所示。测试方法同上。

（3）测试 74LS08（四 2 输入与门）的逻辑功能。连线图如图 27-4 所示。测试方法同上。

（4）测试 74LS86（四 2 输入异或门）的逻辑功能。连线图如图 27-5 所示。测试方法同上。

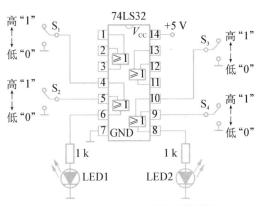

图 27-3　74LS32 的逻辑功能测试

74LS32 真值表		
输入		输出
A (S_1)	B (S_2)	$Y = A+B$ (LED)
0	0	
0	1	
1	0	
1	1	

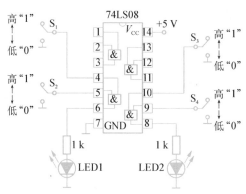

图 27-4 74LS08 的逻辑功能测试

74LS08 真值表		
输入		输出
A (S_1)	B (S_2)	$Y = A \cdot B$ (LED)
0	0	
0	1	
1	0	
1	1	

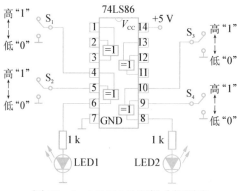

图 27-5 74LS86 的逻辑功能测试

74LS86 真值表		
输入		输出
A (S_1)	B (S_2)	$Y = A \oplus B$ (LED)
0	0	
0	1	
1	0	
1	1	

五、 实验报告要求

整理各实验记录表格,验证其逻辑功能。

实验二十八

组合逻辑电路及其应用

一、 实验目的

(1) 学习组合逻辑电路的一般设计方法;

（2）通过实验，进一步掌握组合逻辑电路，并提高应用知识的能力。

二、实验原理

由基本逻辑门电路组合而成的电路称为组合逻辑电路，其基本特征是：输出端的逻辑状态仅取决于输入端当时的状态，而与原来的状态无关。门电路是组成组合逻辑电路的基本器件，可以用一些常见的门电路来组成具有各种功能的组合逻辑电路。

1. 三人表决(无弃权)电路

如图 28-1 所示的电路，是由 3 个 2 输入与非门和一个 3 输入与非门组合成的无弃权三人表决电路。A、B、C 分别是 3 个投票人的选择输入，"1"表示赞同，"0"表示反对。F 为表决结果，当多数赞同时，输出 F 为"1"(LED 亮)；否则，F 为"0"(LED 不亮)。三人表决器的逻辑表达式为 $F = \overline{\overline{AB} \cdot \overline{BC} \cdot \overline{AC}}$。

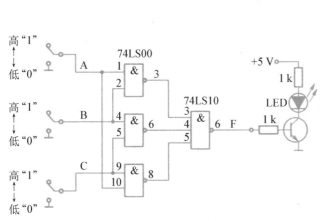

投票			结果
A	B	C	F

图 28-1　三人表决电路

2. 半加器电路

如图 28-2 所示的电路，是由一个异或门和两个与非门组合成的半加器电路。两个一位二进制数相加，若不考虑来自低位的进位，称为半加。半加器的逻辑表达式为：$S = A \oplus B$，$C_o = AB$，C_o 为向高位的进位。

3. 全加器电路

如图 28-3 所示的电路，是由两个异或门和 3 个与非门组合成的全加器电路。两个一位二进制数相加，若考虑来自低位的进位，称为全加。全加器的逻辑表达式为：$S_n = A_n \oplus B_n \oplus C_n$，$C_n = A_n B_n + B_n C_{n-1} + C_{n-1} A_n$，$C_{n-1}$ 为来自低位的进位。

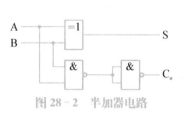

图 28-2 半加器电路

输入		输出	
A	B	S	C_O
0	0		
0	1		
1	0		
1	1		

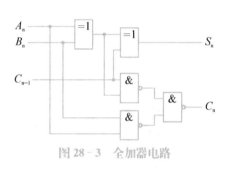

图 28-3 全加器电路

输入			输出	
A_n	B_n	C_{n-1}	S_n	C_n
0	0	0		

三、 实验仪器与设备

THM-5 型数字电路实验箱,数字集成芯片 74LS00、74LS10、74LS86。

四、 实验内容与步骤

1. 测试三人表决器的逻辑功能

(1) 按图 28-1 所示接线,A、B、C 输入端分别接至逻辑开关,F 输出端接至 LED 指示灯。

(2) 验证其逻辑功能,将测试结果填入表 28-1 中。

2. 测试半加器的逻辑功能

(1) 按图 28-2 所示接线,A、B 输入端分别接至逻辑开关,S、C。输出端分别接至 LED 指示灯。

（2）验证其逻辑功能,将测试结果填入表 28 - 2 中。

3. 测试全加器的逻辑功能

（1）按图 28 - 3 所示接线,A_n、B_n、C_{n-1} 输入端分别接至逻辑开关,S_n、C_n 输出端分别接至 LED 指示灯。

（2）验证其逻辑功能,将测试结果填入表 28 - 3 中。

五、　实验报告要求

（1）整理各实验记录表格,验证其逻辑功能。

（2）总结实验中发现的问题、故障及解决的办法。

实验二十九
电子轻触开关电路制作

一、　实验目的

（1）掌握数字集成电路的使用;

（2）熟悉 D 触发器的工作原理;

（3）掌握数模混合电路的因果逻辑关系分析。

二、　实验内容

（1）学会根据电路原理图画出实物连线图（PCB 图）;

（2）实际电路制作;

（3）检测与维修;

（4）测量电路的输出电压波形。

三、　实验电路

图 29 - 1 所示是一个电子轻触开关电路,接通电源后,每按一次按钮 S,LED 的状态就改变一次（按一次 S, LED 亮;再按一次 S, LED 灭）。图 29 - 2 所示为 CD4013 管脚连线图。

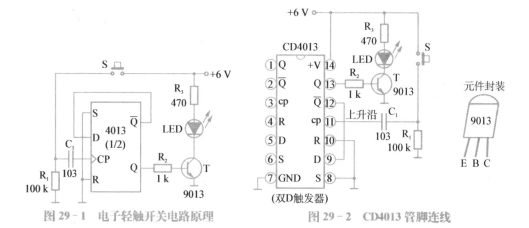

图 29 - 1 电子轻触开关电路原理　　　　　图 29 - 2 CD4013 管脚连线

CD4013 是一片数字集成电路,内有两个相互独立的 D 触发器,因而也称为双 D 触发器,把 D 与 $\overline{Q}$ 相连后,其逻辑状态功能为 $Q_{n+1} = \overline{Q}_n$,即每来一个 CP 脉冲,输出端 Q 的状态就翻转一次。接通电源后,按一次 S(相当于给一个 CP 脉冲),Q 的状态为"1"(高电平)时,三极管 T 导通,LED 亮;再按一次 S(相当于又给一个 CP 脉冲),Q 的状态翻转为"0"(低电平),三极管 T 截止,LED 灭。这就是轻触开关功能。

另外,C_1 的作用是消除在按 S 时因抖动引起的误触发,而 R_1 为 C_1 提供放电回路。

四、 实验设备与器材

通用电路板,电路中的各元件、导线、电烙铁、辅助工具、焊料,万用表。

五、 实验步骤

(1) 根据电路原理图选找元器件。

(2) 根据电路原理图,画出万用板的背面焊点连线图(PCB 图)。

(3) 使用万用表来判别电子元器件的极性、管脚排列,按原理图和背面焊点连线图插、焊,装配成实际电路。

(4) 同学之间相互交换作品来检查,看各元件的电气值是否选对? 各元件脚的极别、极性是否焊接正确?

(5) 确认电路焊接正确后,接通 6 V 电源,轻触按钮 S,观察 LED 是否亮、灭。

(6) 若电路制作不成功,则要检修电路,测量各电气值,学会判断和检修,并给予修复。

六、 实验报告要求

（1）记录制作过程和体会。

（2）拓展思维：如何使用该电路使其作为控制 220 V 的开关?

附：材料清单

序号	电路标号	元器件名称	规格型号	用量
1		通用电路板	7 cm × 5 cm	1 块
2	IC	双 D 触发器	CD4013	1 片
3	S	轻触按钮	4 脚(2 × 1)	1 只
4	T	三极管	9013	1 只
5	LED	发光二极管	Φ3(红 or 绿)	1 只
6	C_1	瓷片电容	0.1 μF/60 V	1 只
7	R_1		100 kΩ、1/4 W	1 只
8	R_2	碳膜电阻	1 kΩ、1/4 W	1 只
9	R_3		470 Ω、1/4 W	1 只

实验三十

九路抢答器电路制作

一、 实验目的

（1）掌握中规模集成译码器的逻辑功能和使用方法;

（2）熟悉数码管的结构和使用;

（3）掌握七段译码器驱动数码管的工作原理;

（4）掌握实际电路逻辑功能的分析技能。

二、 实验原理

译码器是一个多输入、多输出的组合逻辑电路。它的作用是把给定的代码进行"翻译",变成相应的状态,使相关的输出通道中信号输出。译码器在数字系统中有广泛的用途,不仅用于代码的转换、终端的数字显示,还用于数据分配、存贮器寻址和组合控制信号等。不同的功能可选用不同种类的译码器。

译码器可分为通用译码器和显示译码器两大类。前者又分为变量译码器和代码变换译码器。

1. 变量译码器(又称二进制译码器)

用以表示输入变量的状态,如 2 线—4 线、3 线—8 线和 4 线—16 线译码器。若有 n 个输入变量,则有 2^n 个不同的组合状态,就有 2^n 个输出端供其使用(也就是说,译码器是 n 线—2^n 线的)。而每一个输出所代表的函数对应于 n 个输入变量的最小项。

(1) 3 线—8 线译码器。以 74LS138 为例来说明,图 30-1 所示为其引脚排列。其中,A_2、A_1、A_0 为地址输入端,$\overline{Y}_0 \sim \overline{Y}_7$ 为译码输出端(低电平有效),S_1、$\overline{S}_2$、$\overline{S}_3$ 为使能端。

图 30-1　3 线—8 线译码器 74LS138 引脚排列

在器件使能($S_1 = 1$,$\overline{S}_2 + \overline{S}_3 = 0$)的状态下,地址码所指定的输出端有信号(为 0)输出,其他所有输出端均无信号(全为 1)输出。

例如,若 $A_2 A_1 A_0 = 011$,此二进制码对应的十进制数是 3,则 $\overline{Y}_3$ 有输出(为 0),其他所有输出端均无输出(全为 1)。

要详细了解 74LS138 的逻辑功能,需查看其功能表,这里不详述。

(2) 二—十进制译码器(BCD—十进制译码器)。74LS42 是一片二—十进制译码器,图 30-2 所示为其引脚排列。

① 当 $A_3 A_2 A_1 A_0 = 0000 \sim 1001$ 时,$\overline{Y}_0 \sim \overline{Y}_9$ 的对应端有输出(为 0),其他的均无输出(全为 1);

② 当 $A_3 A_2 A_1 A_0 = 1010 \sim 1111$ 时,为无效输入,$\overline{Y}_0 \sim \overline{Y}_9$ 均无输出(全为 1)。

图 30-2　74LS42 引脚排列

图 30-3　74LS147 引脚排列

(3) 十—二进制译码器(十—BCD进制译码器)。74LS147是一片十—二进制译码器,引脚排列如图30-3所示。

'1'~'9'为输入端(低电位有效),DCBA为输出端(低电位有效),当'1'~'9'均为0时,DCBA=1111(均无输出)。

2. 数码显示译码器

(1) 七段LED(发光二极管)数码管。LED数码管是目前最常用的数字显示器,图30-4(a、b)所示为单个共阳极数码管和单个共阴极数码管的内部等效电路,(c)所示为相应的引脚排列(背视图),(d)所示为电路符号。

一个LED数码管可用来显示一位0~9十进制数和一个小数点。小型数码管(0.5寸和0.36寸)每段发光二极管的正向压降,因显示光(通常为红、绿、黄、橙色)的颜色不同略有差别,通常约为2~2.5 V,每个发光二极管的点亮电流在5~15 mA。LED数码管要显示BCD码所表示的十进制数字就需要有一个专门的译码器,该译码器不但要完成译码功能,还要有相当的驱动能力。

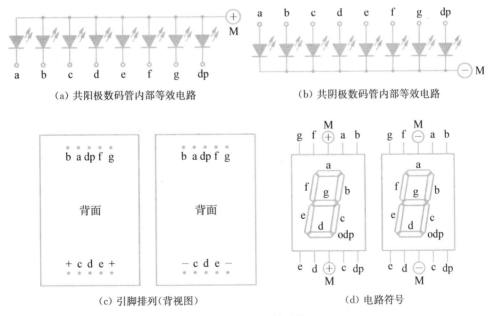

(a) 共阳极数码管内部等效电路　　(b) 共阴极数码管内部等效电路

(c) 引脚排列(背视图)　　(d) 电路符号

图30-4　LED数码管

(2) BCD码七段译码驱动器。此类译码器型号有74LS47(共阳)、74LS48(共阴)、CD4511(共阴)等,本实验采用CD4511 BCD码锁存/七段译码/驱动器(共阴)。驱动共阴极LED数码管,图30-5所示是CD4511的引脚排列及功能说明。

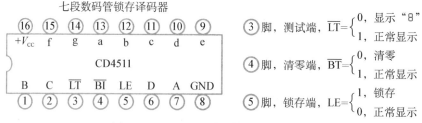

图 30 - 5　CD4511 引脚排列及功能说明

A、B、C、D 为 BCD 码输入端，a、b、c、d、e、f、g 为译码输出端，输出"1"有效，用来驱动共阴极 LED 数码管。

① $\overline{LT}$：测试输入端，$\overline{LT}$ = "0" 时，译码输出全为"1"（显示 8）；

② $\overline{BI}$：消隐输入端，$\overline{BI}$ = "0" 时，译码输出全为"0"（无显示）；

③ LE：锁定端，LE = "0" 为正常译码，LE = "1" 时译码器处于锁定（保持）状态，译码输出保持在 LE = 0 时的数值。当编码端 DCBA 输入某个编码后，可令第 5 脚锁存端为高电位（LE = 1），使译码器进入锁存状态，在清零解锁之前，其他的编码输入均无效。

七段译码驱动器 CD4511 及数码管的逻辑状态，见表 30 - 1。

表 30 - 1

D	C	B	A	a	b	c	d	e	f	g	字形
0	0	0	0	1	1	1	1	1	1	0	**0**
0	0	0	1	0	1	1	0	0	0	0	**1**
0	0	1	0	1	1	0	1	1	0	1	**2**
0	0	1	1	1	1	1	1	0	0	1	**3**
0	1	0	0	0	1	1	0	0	1	1	**4**
0	1	0	1	1	0	1	1	0	1	1	**5**
0	1	1	0	1	0	1	1	1	1	1	**6**
0	1	1	1	1	1	1	0	0	0	0	**7**
1	0	0	0	1	1	1	1	1	1	1	**8**
1	0	0	1	1	1	1	1	0	1	1	**9**

CD4511 内接有上拉电阻,故只需在输出端与数码管字段之间串入限流电阻即可工作。译码器还有拒伪码功能,当输入码超过 1001 时,输出全为"0",数码管熄灭。利用译码器的锁存功能,可组成一个九路数显抢答器,如图 30 - 6 所示。

三、实验电路

图 30 - 6 所示是由 CD4511 组成的九路数显、声讯抢答器电路。功能如下:

(1) 由于 4 脚对地接有电容 C,接通电源时,4 脚呈低电位,电路被清零,数码管显示 0。

(2) 当 S1~S9 中的任一按钮被按,如 S3 被先按,则输入的 BCD 码为 DCBA = 0011,对应的十进制数为 3,于是数码管显示 3,表示 S3 被先按。同时,电路还进行下列动作:

① D₁、D₂ 导通,使 Q1 导通,蜂鸣器发出"滴"的声响;

② 因为数码"3"对应 a、b、c、d、g 为高电平,D₅ 导通,IC 的第 5 脚锁存端被置为高电位(LE = 1),译码器进入锁存状态,在清零解锁之前,其他的编码输入均无效。

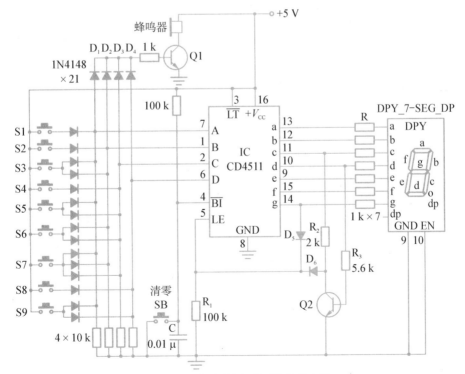

图 30 - 6　九路数显、声讯抢答器电路

(3) Q2 的作用是确保电路在"0"状态不被锁存（c、d 为高电平，g 为低电平，D_5、D_6 导通，使 Q2 导通，Q2 的 C 极为低电位，确保 LE＝0，电路处于允许输入状态）。

（4）当主持人按一下清零按钮 SB，电路被清零，数码管显示 0，电路回到允许输入状态。

四、 实验设备与器材

通用电路板、电路中的各元件、导线、电烙铁、斜口钳、镊子、焊锡、松香。

五、 实验步骤

（1）根据电路原理图，选好元件，焊接成实际电路。

（2）同组同学之间相互交换作品来检查，看各元件的电气值是否选对，二极管、三极管的管脚是否焊接正确。

（3）确认电路焊接正确后，接通＋5 V 电源，测试电路功能。

（4）若电路制作不成功，测量各电气值，分析、修正电路，直至正常。

六、 实验报告要求

记录制作、检修过程和体会。

第四章　数模混合电子技术

实验三十一

555 时基电路及其基本应用

一、实验目的

(1) 熟悉 555 型集成时基电路结构、工作原理及其特点；

(2) 掌握 555 型集成时基电路的基本应用。

二、实验原理

集成时基电路又称为集成定时器或 555 电路，是一种数字、模拟混合型的中规模集成电路，应用十分广泛。利用它可方便地构成能产生时间延迟和多种脉冲信号的电路，由于其内部基准参考电压由 3 个 5 k 电阻分压而得，故取名 555 电路。其电路类型有双极型和 CMOS 型两大类，两者的结构与工作原理类似。双极型产品型号最后的 3 位数码是 555 或 556，CMOS 产品型号最后 4 位数码是 7555 或 7556，两者的逻辑功能和引脚排列完全相同，易于互换。555 和 7555 是单定时器，556 和 7556 是双定时器。双极型的电源电压为 +5～+15 V，输出的最大电流可达 200 mA(可直接驱动小型继电器)；CMOS 型的电源电压为 +3～ +18 V。

1. 555 时基电路的工作原理

555 时基电路的内部方框图，如图 31-1 所示。它含有两个电压比较器 A_1、A_2，一个基本 RS 触发器，一个放电开关管 T。比较器的参考电压由 3 只 5 kΩ 电阻器构成的分压器提供。A_1 的参考电平为 $\frac{2}{3}V_{CC}$，A_2 的参考电平为 $\frac{1}{3}V_{CC}$，A_1

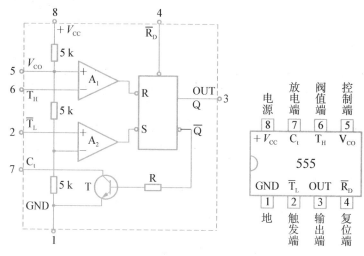

图 31-1 555 时基电路内部方框图及引脚排列

与 A_2 的输出端控制 RS 触发器状态和放电管开关状态。

(1) 当 6 脚输入电压 $V_6 \geq \dfrac{2}{3}V_{CC}$ 时,触发器复位,3 脚输出低电平,同时放电开关管 T 导通(7 脚电平与 3 脚电平同相)。

(2) 当 2 脚输入电压 $V_2 \leq \dfrac{1}{3}V_{CC}$ 时,触发器置位,3 脚输出高电平,同时放电开关管 T 截止。

(3) 4 脚 $\overline{R}_D$ 是复位端,当 $\overline{R}_D = 0$,3 脚输出低电平。但是,平时 $\overline{R}_D$ 端开路或接 V_{CC}。

(4) 5 脚 V_{CO} 是控制电压端,平时输出 $\dfrac{2}{3}V_{CC}$ 作为比较器 A_1 的参考电平。当 5 脚外接一个输入电压,即改变了比较器的参考电平,从而实现对输出的另一种控制;在不接外加电压时,通常接一个 $0.01\ \mu f$ 的电容器到地,起滤波作用,以消除外来的干扰,而确保参考电平的稳定。

(5) T 为放电管,当 T 导通时,为接于脚 7 的电容器提供低阻放电通路。

555 定时器主要是与电阻、电容构成充放电电路,并由两个比较器来检测电容器上的电压,以确定输出电平的高低和放电开关管的通断。这就很方便地构成从微秒到数十分钟的延时电路,也可方便地构成单稳态触发器、多谐振荡器、施密特触发器等脉冲产生或波形变换电路。

2. 555 时基电路的典型应用

(1) 单稳态触发器。图 31-2(a)所示为由 555 定时器和外接定时元件 R、C

构成的单稳态触发器。

在 2 脚没有触发脉冲 V_i 时,内部 RS 触发器置 0,输出 V_o 为低电平,内部放电开关管 T 导通(因为 $Q = 0,\overline{Q} = 1$),V_C 为低电平,电路处于稳态。当有一个负脉冲触发信号 V_i 加到 2 脚时,2 脚电位瞬时低于 $\frac{1}{3} V_{CC}$,比较器 A_2 翻转(高→低),RS 触发器被置 1,输出 V_o 为高电平,同时 T 截止;此时电路即开始一个暂态过程,电容 C 开始充电,V_C 按指数规律增长。当 V_C 充电到 $\frac{2}{3} V_{CC}$ 时,比较器 A_1 翻转(高→低),RS 触发器被置 0,输出 V_o 从高电平返回低电平,放电开关管 T 重新导通,电容 C 上的电荷很快经放电开关管放电,暂态结束,恢复稳态,为下个触发脉冲的来到作好准备。波形图如图 31 – 2(b)所示。

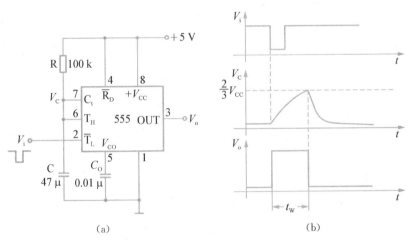

(a)　　　　　　　　　　　(b)

图 31 – 2　单稳态触发器

暂稳态的持续时间 t_w(即延时时间)的长短取决于外接元件 R、C 值的大小,$t_w = 1.1RC$。通过改变 R、C 的大小,可使延时时间在几个微秒到几十分钟之间变化。当这种单稳态电路作为计时器时,可直接驱动小型继电器,并可以使用复位端(4 脚)接地的方法来中止暂态,重新计时。此外,尚须用一个续流二极管与继电器线圈并接,以防继电器线圈反电动势损坏内部功率管。

(2)无稳态触发器(多谐振荡器)。如图 31 – 3(a)所示,由 555 定时器和外接元件 R_1、R_2、C 构成多谐振荡器,2 脚与 6 脚直接相连。电路没有稳态,仅存在两个暂稳态,电路不需要外加触发信号,利用电源通过 R_1、R_2 向 C 充电,以及 C 通过 R_2 向放电端 C_t 放电,使电路产生振荡。电容 C 在 $\frac{1}{3} V_{CC}$ 和 $\frac{2}{3} V_{CC}$ 之间充电和放电,其波形如图 31 - 3(b)所示。

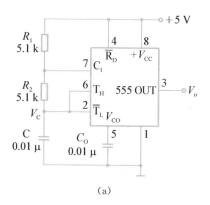

(a)

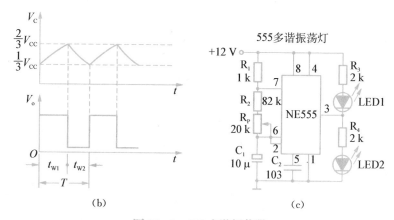

(b)　　　　　　　　　　(c)

图 31 - 3　555 多谐振荡器

在图 31 - 3(b)所示中,充电时间 $t_{w1} = 0.693(R_1 + R_2)C$,放电时间 $t_{w2} = 0.693R_2C$。因此,输出信号的周期是 $T = t_{w1} + t_{w2} = 0.693(R_1 + 2R_2)C$,频率 $f = 1/T$。

555 电路要求 R_1 与 R_2 均应大于或等于 $1\,k\Omega$,但 $R_1 + R_2 \leqslant 3.3\,M\Omega$。

外部元件的稳定性决定了多谐振荡器的稳定性,555 定时器配以少量的元件即可获得较高精度的振荡频率和具有较强的功率输出能力。因此,这种形式的多谐振荡器应用很广。

图 31 - 3(c)所示的电路就是一种简单的应用,接通电源后,两只 LED 会轮流闪亮。

(3) 占空比可调的多谐振荡器。电路如图 31 - 4 所示,它比图 31 - 3 所示电路增加了一个电位器 R_w 和两个导引二极管 D_1、D_2。其中，D_1、D_2 用来决定电容充、放电时电流流经电阻的途径（充电时，D_1 导通、D_2 截止；放电时，D_2 导通、D_1 截止）。占空比 $P = \dfrac{t_{w1}}{t_{w1} + t_{w2}} = \dfrac{0.7R_A C}{0.7C(R_A + R_B)} = \dfrac{R_A}{R_A + R_B}$。

可见，若取 $R_A = R_B$，则电路即可输出占空比为 50% 的方波信号。

（4）占空比连续可调并能调节振荡频率的多谐振荡器。

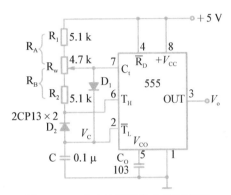

图 31-4　占空比可调的多谐振荡器

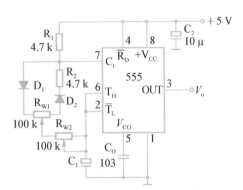

图 31-5　占空比与频率均可调的多谐振荡器

电路如图 31-5 所示。当 C_1 充电时，充电电流通过 R_1、D_1、R_{w1} 和 R_{w2}；当 C_1 放电时，放电电流通过 R_{w2}、R_{w1}、D_2、R_2、脚 7。当 $R_1 = R_2$，R_{w1} 调至中心点，因充放电时间基本相等，其占空比约为 50%，此时调节 R_{w2} 仅改变频率，占空比不变。如果将 R_{w1} 调至偏离中心点，再调节 R_{w2}，不仅振荡频率改变，而且对占空比也有影响。如果 R_{w2} 不变，调节 R_{w1}，则仅改变占空比，对频率无影响。因此，当接通电源后，应首先调节 R_{w2} 使频率至规定值，再调节 R_{w1}，以获得需要的占空比。若频率调节的范围比较大，还可以用波段开关改变 C_1 的值。

（5）施密特触发器。电路如图 31-6 所示，只要将脚 2、6 连在一起作为信号输入端，即得到施密特触发器。图 31-7 所示为 V_S、V_i 和 V_o 的波形变换图。

设被整形变换的电压为正弦波 V_S，其正半波通过二极管 D 同时加到 555 的 2 脚和 6 脚，得 V_i 为半波整流波形。当 V_i 上升到 $\dfrac{2}{3}V_{CC}$ 时，V_o 从高电平翻转为低电平；当 V_i 下降到 $\dfrac{1}{3}V_{CC}$ 时，V_o 又从低电平翻转为高电平。电路的电压传输特性曲线如图 31-8 所示，回差电压 $\Delta U = \dfrac{2}{3}V_{CC} - \dfrac{1}{3}V_{CC} = \dfrac{1}{3}V_{CC}$。

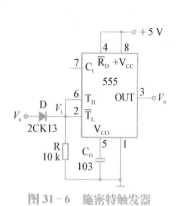
图 31-6 施密特触发器

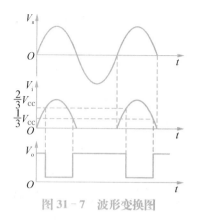
图 31-7 波形变换图

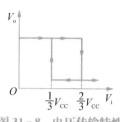
图 31-8 电压传输特性

三、 实验设备与器件

+5V 直流电源、单次脉冲源、逻辑电平显示器、双踪示波器、音频信号源、NE555×2、2CK13×2、连续脉冲源、数字频率计,电位器、电阻、电容若干。

四、 实验内容与步骤

1. 单稳态触发器测量

(1) 按图 31-2 所示连线,取 $R = 100\,\text{k}\Omega$, $C = 47\,\mu\text{f}$,输入信号 V_i 由单次脉冲源提供,用双踪示波器观测 V_i、V_C、V_o 的波形,同时测定幅度与暂稳时间,并记录于表 31-1 中。

表 31-1

(1) $R = 100\,\text{k}\Omega$, $C = 47\,\mu\text{f}$, V_i 为单次脉冲	(2) $R = 1\,\text{k}\Omega$, $C = 0.1\,\mu\text{f}$, V_i 为 1 kHz 脉冲
电压波形(要标注幅值)	电压波形(要标注幅值)
V_i	V_i
V_C	V_C
V_o	V_o
测量值: $t_w =$ 计算值: $t_w =$	测量值: $t_w =$ 计算值: $t_w =$

(2) 将 R 改为 $1\,\text{k}\Omega$, C 改为 $0.1\,\mu\text{f}$,输入端加 1 kHz 的连续脉冲,观测波形 V_i、V_C、V_o,测定幅度及暂稳时间,并记录于表 31-1 中。

2. 多谐振荡器测量

（1）按图 31-3 所示接线，用示波器观测 V_C 与 V_o 的波形，测定频率，并记于表 31-2 中。

表 31-2

（1）图 31-3 电路	（2）图 31-4 电路
电压波形（要标注幅值）	电压波形（要标注幅值）
V_C	V_C
V_o	V_o
测量值：$t_{w1}=$ $t_{w2}=$ $T=$ 计算值：$t_{w1}=$ $t_{w2}=$ $T=t_{w1}+t_{w2}=$	测量值：$t_{w1}=$ $t_{w2}=$ $T=$ 计算值：$t_{w1}=$ $t_{w2}=$ $T=t_{w1}+t_{w2}=$

（2）按图 31-4 所示接线，组成占空比为 50% 的方波信号发生器。观测 V_C、V_o 波形，测定波形参数，并记于表 31-2 中。

（3）按图 31-5 所示接线，通过调节 R_{w2} 和 R_{w1} 来观测输出波形。

3. 施密特触发器测量

按图 31-6 所示接线，输入信号由音频信号源提供，预先调好 V_S 的频率为 1 kHz，接通电源，逐渐加大 V_S 的幅度，观测输出波形，测绘电压传输特性，算出回差电压 ΔU，并记于表 31-3 中。

表 31-3

图 31-6 电路（输入信号 V_S 是频率为 1 kHz 的正弦波）	
电压波形（要标注幅值）	电压传输特性
V_S	
V_i	V_o-V_i
V_o	测量值：$t_{w1}=$ $t_{w2}=$ 计算回差电压：$\Delta U=$

五、 实验报告要求

(1) 按实验内容的要求记录观测到的波形、数据,并与计算值比较。

(2) 分析、总结实验结果。

555 时基电路的灵活应用

一、 实验目的

掌握 555 型集成时基电路的灵活应用。

二、 实验原理

1. 555 电路的工作原理

555 电路的内部电路方框图,如实验三十一的图 31-1 所示。其基本功能如下:

(1) 当 $V_6 \geqslant \frac{2}{3} V_{CC}$ 时,触发器复位,V_3 为低电平,同时放电开关管 T 导通。

(2) 当 $V_2 \leqslant \frac{1}{3} V_{CC}$ 时,触发器置位,V_3 为高电平,同时放电开关管 T 截止。

(3) 4 脚 $\overline{R}_D$ 是强制复位端,当 $\overline{R}_D = 0$ 时,V_3 为低电平。平时 $\overline{R}_D$ 端开路或接 V_{CC}。

(4) 7 脚电平与 3 脚(输出端)电平同相。

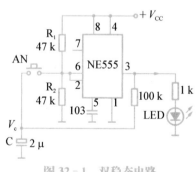

图 32-1 双稳态电路

2. 555 时基电路的灵活应用

(1) 双稳态电路(轻触自锁开关)。图 32-1 所示为双稳态电路,其中 AN 为无自锁轻触按钮。

① 电路功能:按一次 AN,LED 亮;再按一次 AN,LED 灭;……即每按一次 AN,电路翻转一次。

② 工作原理：接通电源后，$V_2 = V_6 = \dfrac{1}{2}V_{CC}$（由 R_1、R_2 分压所得），电路的初始状态为 0（V_3 为低电平）。

当按一次 AN 时，由于电容 C 上的电压不能突变，相当于 $V_2 = V_6 = V_C = 0$，即 $V_2 \leqslant \dfrac{1}{3}V_{CC}$，则 V_3 为高电平，LED 亮；同时，V_3 开始对电容 C 充电，直到 $V_C = +V_{CC}$（因为 C 的容值小，充电时间很短）。这时因为 AN 松开，$V_2 = V_6 = \dfrac{1}{2}V_{CC}$（$R_1$、$R_2$ 分压所得），即 $V_6 < \dfrac{2}{3}V_{CC}$，未达到阈值电压，V_3 保持高电平，电路处于一种稳态。

当再按一次 AN 时，$V_2 = V_6 = V_C = +V_{CC} \geqslant \dfrac{2}{3}V_{CC}$，电路翻转，$V_3$ 为低电平，LED 熄灭；同时，电容 C 向 V_3 放电，直到 $V_C = 0$（因为 C 的容值小，放电时间很短）。这时因为 AN 松开，$V_2 = V_6 = \dfrac{1}{2}V_{CC}$，$V_3$ 保持低电平，电路进入另一种稳态。

如果电路接成如图 32 - 2 所示，则可实现用轻触按钮来控制大功率电器。

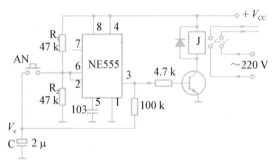

图 32 - 2　双稳电路的扩展应用

（2）防盗报警电路。图 32 - 3 所示为防盗报警电路，实质上是由 555 构成一个多谐振荡器。细导线作为报警触发开关，可装在窗口的隐蔽处。平时，第 4 脚经细导线接地，电路被强制复位，V_3 为低电平，LED 不亮。当细导线被碰断，电路起振，LED 闪亮报警。如

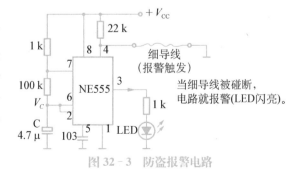

图 32 - 3　防盗报警电路

果对输出端稍加改进,还可做成声光讯同时报警。

(3) 模拟声响电路。按图 32-4 所示接线,组成两个多谐振荡器,调节定时元件,使 I 输出较低频率、II 输出较高频率,连好线,接通电源,试听音响效果。调整电位器 R_W,再试听音响效果。本电路发出的是警笛声,f_{II} 受 f_I 的调制,输出波形如图 32-5 所示。

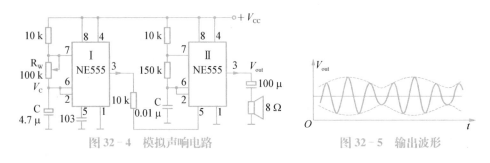

图 32-4 模拟声响电路   图 32-5 输出波形

三、 实验设备与器件

+5 V 直流电源,通用电路板,示波器,NE555×2,电位器、电阻、电容若干,数字多用表,电烙铁,焊锡,松香,镊子,斜口钳。

四、 实验内容与步骤

1. 双稳态电路(轻触自锁开关)

(1) 按图 32-1 所示选好元件,然后规划布局,焊接连成整电路。

(2) 检查电路无误后通电。按动 AN,观察 LED 的亮、灭情况。

(3) 若功能不正常,则要检修电路。

2. 防盗报警电路(多谐振荡器)

(1) 按图 32-3 所示选好元件,然后规划布局,焊接连成整电路(用一个开关代替细导线)。

(2) 检查电路无误后通电。拨动开关,观察 LED 的亮、灭情况。

(3) 若功能不正常,则要检修电路。

3. 模拟声响电路

(1) 按图 32-4 所示选好元件,然后规划布局,焊接连成整电路。

(2) 检查电路无误后通电,试听音响效果。

(3) 用示波器观测 V_o 波形,并记录到表 32-1 中。

(4) 调整 R_W 试听音响效果,再用示波器观测 V_o 波形,并记录到表 32-1 中。

（5）若功能不正常，则要检修电路。

表 32 - 1

$R_W = 100\ k\Omega$ 时的电压波形（要标注幅值）	$R_W = 50\ k\Omega$ 时的电压波形（要标注幅值）
V_o	V_o

五、 实验报告要求

（1）实验中，若电路有故障，请记录故障现象，并说明解决办法。

（2）按实验内容的要求记录观测到的波形、数据。

实验三十三

555 流水灯电路制作

一、 实验目的

（1）熟悉计数器的工作原理，掌握其使用方法；

（2）熟悉整机电路的工作原理；

（3）掌握 PCB 的制作技能；

（4）掌握电子电路的整机制作流程。

二、 实验内容

（1）学习十进制计数器的工作原理；

（2）学习电子电路的整体制作流程。

三、 实验电路

图 33 - 1 所示是流水灯电路。此电路由以 IC1（NE555）构成的多谐振荡器和以 IC2（CD4017）构成的十进制计数器两大部分组成。通电后，从 IC1 的第 3 脚输出矩形波作为 IC2 的时钟脉冲（CP），频率在 1.8～20 Hz 之间可调。IC2 对时钟脉冲进行计数、译码，使输出端 Q0～Q8 依次为高电平脉冲，各输出端可直接驱动一只 LED（R₃ 为限流电阻），于是 LED0～LED8 依次闪亮；第 10 个 CP 到

来时,Q9 端跃为高电平,因为 Q9 接到复位端第 15 脚,使 IC2 复位,IC2 又从头开始计数(重复 Q0～Q8 依次为高电平脉冲)。如此往复,LED0～LED8(共 9 只灯)就像流水一样来回循环点亮。调节 R_2,便可改变流水效果的快慢。

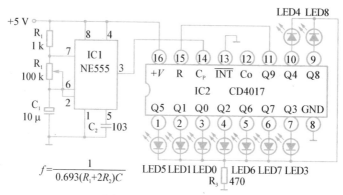

$$f=\frac{1}{0.693(R_1+2R_2)C}$$

图 33-1　流水灯电路原理

NE555 构成的多谐振荡器的工作原理在实验三十一中已详细介绍。

CD4017 是 10 位计数译码器,每个译码输出通常处于低电平,且在时钟脉冲上升沿时依次进入高电平,每个输出在高电平维持 10 个时钟周期中的一个时钟周期。CD4017 的管脚排列,如图 33-2 所示。CP 为时钟脉冲端,上升沿有效;CR 为复位端,高电平有效(正常计数时应为低电平);$\overline{INT}$ 为片选端(使能端),低电平有效;Q0～Q9 为输出端;C_o 为进位端。图 33-3 所示为 CD4017 的计数时序图。

CD4017

Q5	1		16	V_{DD}
Q1	2		15	CR (复位)
Q0	3		14	CP (时钟)
Q2	4	CD4017	13	$\overline{INT}$ (使能)
Q6	5		12	Co (进位)
Q7	6		11	Q9
Q3	7		10	Q4
GND	8		9	Q5

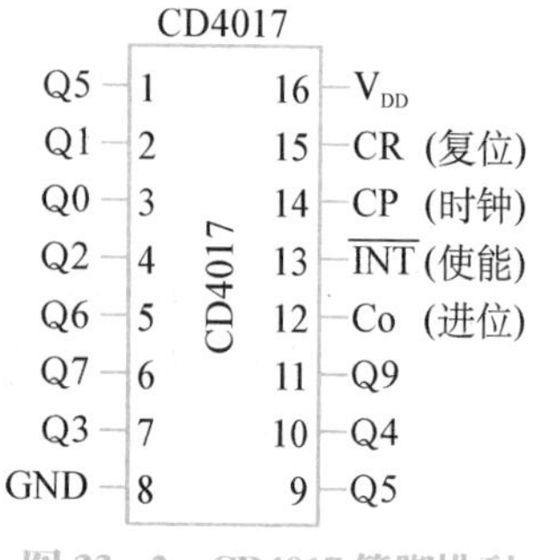

图 33-2　CD4017 管脚排列

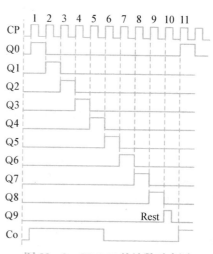

图 33-3　CD4017 的计数时序图

流水灯电路的 PCB 图(9 灯),如图 33 - 4 所示。

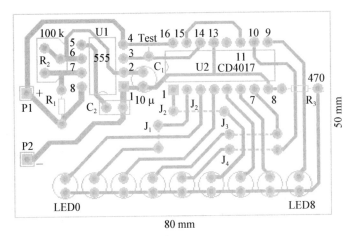

(a) 元件面顶视图

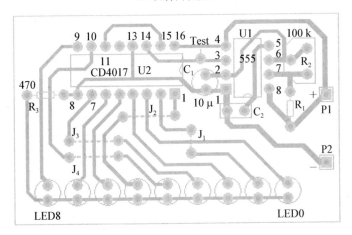

(b) 背面底视图

图 33 - 4　流水灯电路的 PCB 图

四、 实验设备与器材

通用电路板、电路中的各元件、导线、电烙铁、辅助工具、焊料、万用表。

五、 实验步骤

(1) 认真研读 CD4017 及整机电路的工作原理。

（2）根据电路原理图，制作 PCB 板（或使用通用实验电路板）。

（3）按材料清单选备元器件。

（4）插、焊元器件（注意 LED 的极性、IC 管脚的排列），装配成实际电路。

（5）同学之间相互交换作品来检查，看各元件的电气值是否选对，各元件脚的极别、极性是否焊接正确。

（6）确认电路焊接正确后，接通电源（5～9 V 均可），观察 LED0～LED8 是否像流水一样循环点亮。

（7）调节 R_2，观察流水效果是否快慢可调。

（8）若电路制作不成功，则要检修电路，测量各电气值，学会判断和检修，并给予修复。

（9）分别调节电位器 R_2 到最低端和最高端时，用示波器测 IC1③脚输出的波形，计算其频率，并记录于表 33-1 中。

表 33-1

测试项目	IC1 ③脚输出的波形	频率/Hz
R_2 最低时		
R_2 最高时		

六、 实验报告要求

（1）记录制作过程和体会。

（2）若要把流水灯的 9 灯改成 10 灯、8 灯，同时确保流水效果流畅，应如何改动？

附：

材料清单

序号	电路标号	元器件名称	规格型号	单元用量
1		通用电路板	10 cm×5 cm	1块
2	IC1	集成电路	NE555	1片
3	IC2		CD4017	1片

序号	电路标号	元器件名称	规格型号	单元用量
4	LED0～LED8	发光二极管	Φ3(红)	9 只
5	C_1	电解电容	10 μF/16 V	1 只
6	C_2	瓷片电容	0.01 μF(103)	1 只
7	R_1	碳膜电阻	1 kΩ、1/4 W	1 只
8	R_3		470 Ω、1/4 W	1 只
9	R_2	精密微调电阻	100 kΩ、0.25 W	1 只

实验三十四

555 电子幸运转盘电路制作

一、实验目的

(1) 熟悉计数器的工作原理,掌握其使用方法;

(2) 熟悉整机电路的工作原理;

(3) 掌握 PCB 的制作技能;

(4) 理解三极管处于不同工作状态的条件。

二、实验电路

图 34-1 所示是电子幸运转盘电路。此电路在实验三十三的流水灯电路的基础上,增加了由三极管 T_1 构成的电容充放电自动延时电路。同时,把 LED0～LED9(共 10 只灯)布局成一个圆,并在每个 LED 旁标上相应的"0～9"10 个数字,当按下按键 S(无自锁按钮)时,这 10 只 LED 轮流发光,仿佛一个圆盘在旋转。

时钟脉冲由 NE555 及外围元件构成多谐振荡器产生,按下按键 S 时 T_1 导通,NE555 的 3 脚输出时钟脉冲,则 CD4017 的 10 个输出端(Q0～Q9)轮流输出高电平驱动 10 只 LED 轮流发光。松开按键后,由于电容 C_1 的存在(它在按下 S 时已被充电),T_1 不会立即截止,随着 C_1 向 R_1 放电,其两端电压下降,T_1 的导通状态逐渐减弱,3 脚输出脉冲的频率变慢,LED 移动频率也随之变慢。最后,当

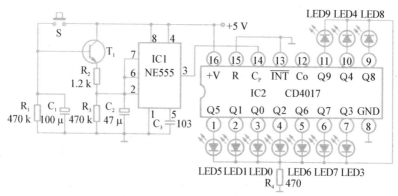

图 34-1 电子幸运转盘电路原理

C_1 放电结束后，T_1 截止，NE555 的 3 脚不再输出脉冲，LED 停止移动（圆盘停转），一次"开奖"过程就这样完成了。

当圆盘停转时，它会停留在"0~9"某个数字的 LED 上（只有这只亮，其他的都灭，直到下一次再按 S），事先猜对该数字者是幸运的。

R_2 决定 LED 移动速度，C_1 决定等待"开奖"的时间（LED 移动的持续时间）。由于每次按下 S 键所持续的时长不等，C_1 充电所获的电量不等，LED 移动的持续时间（圆盘旋转的持续时间）就不同，停转时所亮的数字就不同。

三、 实验设备与器材：

通用电路板、电路中的各元件、导线、电烙铁、辅助工具、焊料、万用表。

四、 实验内容和步骤

（1）制作 PCB 板：

① 根据电路原理图，自己设计元件布局、布线图（LED0~LED9 这 10 只 LED 要布局成一个圆）；

② 可用手工热转印法制作 PCB 板，或者使用通用实验电路板。

（2）按材料清单选备元器件。

（3）插、焊元器件（注意 T_1、LED 的极性、IC 管脚的排列），装配成整机。

（4）同学之间相互交换作品来检查，看各元件的电气值是否选对，各元件脚的极别、极性是否焊接正确。

（5）确认电路焊接正确后，接通电源（5~9 V 均可），观察 LED0~LED9 是否像流水一样循环点亮。

（6）若电路制作不成功，则要检修电路，测量各电气值，学会判断和检修，并给予修复。

五、 实验报告要求

（1）电路焊接是否完成?

（2）电路功能是否实现?

（3）在制作过程中,出现什么故障? 如何解决?

附：材料清单

序号	电路标号	元器件名称	规格型号	单元用量
1		通用电路板	7 cm×5 cm	1块
2	IC1	集成电路	NE555	1片
3	IC2		CD4017	1片
4	LED0~LED8	发光二极管	Φ3(红)	10只
5	T_1	三极管	9013	1只
6	C_1	电解电容	100 μF/16 V	1只
7	C_2	电解电容	47 μF/16 V	1只
8	C_3	瓷片电容	0.01 μF(103)	1只
7	R_1、R_3	碳膜电阻	470 kΩ、1/4 W	1只
8	R_2	碳膜电阻	1.2 kΩ、1/4 W	1只
9	R_4	碳膜电阻	470 Ω、1/4 W	1只

实验三十五
555 多波形信号发生电路制作

一、 实验目的

（1）掌握 555 电路构成的多谐振荡器的工作原理;

（2）熟悉无源积分电路的结构和作用;

（3）掌握使用示波器监测信号波形的技能。

二、实验电路

图 35-1 所示是一种多波形信号发生器电路,能同时输出矩形波、三角波和正弦波 3 种电压波形。

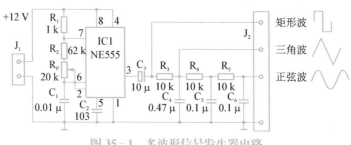

图 35-1　多波形信号发生器电路

该电路由以 IC1(NE555)构成的多谐振荡器和以无源积分电路构成的波形变换器两大部分组成。通电后,从 IC1 的第 3 脚输出矩形波,矩形波经过一阶无源积分电路,变换成三角波输出,三角波再经过二阶无源积分电路,变换成正弦波输出,如图35-2 所示。由于积分电路是无源的,信号越往后衰减越严重,且不稳定,若要获得较大幅度且稳定的正弦波,需在变换过程的中间插入放大器。多波形信号发生器电路的 PCB 图,如图 35-3 所示。

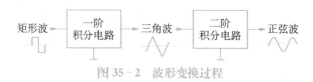

图 35-2　波形变换过程

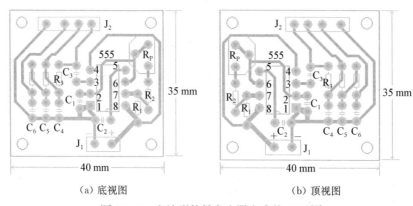

(a) 底视图　　　　　　　　　(b) 顶视图

图 35-3　多波形信号发生器电路的 PCB 图

四、 实验设备与器材

通用电路板、电路中的各元件、导线、电烙铁、斜口钳、镊子、焊锡、松香。

五、 实验步骤

（1）根据电路原理图，制作 PCB 板（或使用通用实验电路板）。

（2）按材料清单选备元器件。

（3）插、焊元器件（注意 IC1 管脚的排列），装配成实际电路。

（4）同学之间相互交换作品来检查，看各元件的电气值是否选对，IC1 的管脚是否焊接正确。

（5）确认电路焊接正确后，接通电源＋12 V，用示波器监测各信号波形。

（6）调节 R_P，观察各信号波形的变化。

（7）若电路制作不成功，则要检修电路，测量各电气值，学会判断和检修，并给予修复。

（8）分别调节电位器 R_P 到最低端和最高端时，用示波器测输出正弦波的波形，计算其频率，并记录于表 35 - 1 中。

表 35 - 1　测量记录

测试项目	正弦波的波形	波形的峰-峰值	时间物理量
R_P 最低时			周期： 频率：
R_P 最高时			周期： 频率：

六、 实验报告要求

（1）记录制作过程和体会。

（2）思考问题：如果要用集成运放来代替 NE555，应如何实现？

第五章　晶闸管（可控硅）应用

实验三十六

认识晶闸管

一、实验目的

（1）认识晶闸管的外形结构；
（2）掌握晶闸管的直流等效结构、用万用表测量的方法；
（3）掌握用万用表来判别晶闸管的管脚；
（4）掌握晶闸管的导电特性。

二、实验内容

（1）测量晶闸管；
（2）验证晶闸管的导通；
（3）验证晶闸管的关断。

三、实验原理

（1）常用的小、中功率晶闸管外形结构，如图 36-1 所示。

图 36-1　常用小功率晶闸管

（2）晶闸管的直流等效结构：

① 单向可控硅(小功率)直流测量等效结构，如图 36 - 2(a)所示；

② 双向可控硅直流测量等效结构，如图 36 - 2(b)所示。

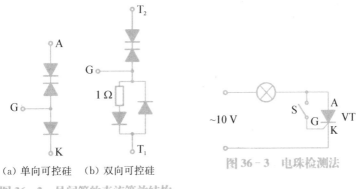

（a）单向可控硅　（b）双向可控硅

图 36 - 2　晶闸管的直流等效结构

图 36 - 3　电珠检测法

根据直流等效结构，可用万用表测量晶闸管。

（3）用图 36 - 3 所示的电珠检测法，可判断晶闸管的好坏：当 S 闭合时，灯亮；当 S 断开时，灯灭。

经测试，符合以上状态说明 VT 是好的。

（4）单向晶闸管具有单向可控导电性：

① 晶闸管的导通条件(必须同时具备)：正向阳—阴极电压 $U_{AK} > 0$，正向门极电压 $U_G \geqslant V_{GT}$(通常 $V_{GT} = 0.8 \sim 3.5$ V)；

② 晶闸管的关断条件(只要满足下列条件之一)：自然关断时 $I_A < I_H$(维持电流)，强迫关断时 $U_{AK} \leqslant 0$。

四、实验设备与器材

THM - 5 型模拟电路实验箱、万用表、示波器。

五、实验步骤

（1）用万用表测量晶闸管。

（2）通过万用表的测量，判别晶闸管的管脚。

（3）用图 36 - 3 所示的电珠检测法，判断晶闸管的好坏。

（4）晶闸管导电特性的验证。根据实验原理图，在 THM - 5 型模拟电路实验箱上连接成电路。

① 导通的验证,如图 36 - 4 所示。

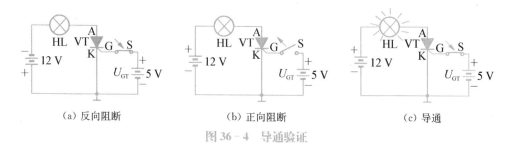

(a) 反向阻断　　　　　　　　(b) 正向阻断　　　　　　　　(c) 导通

图 36 - 4　导通验证

② 关断的验证,如图 36 - 5 所示,用整流电源供电。先闭合 S,看灯是否亮;断开 S,看灯是否熄灭。

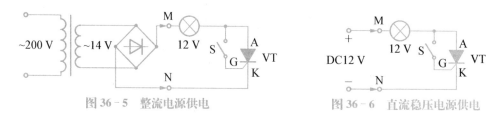

图 36 - 5　整流电源供电　　　　　　　图 36 - 6　直流稳压电源供电

如图 36 - 6 所示,用直流稳压电源供电。先闭合 S,看灯是否亮;断开 S,看灯是否熄灭。在断开 S 的前提下,用插线将 G 极和 K 极碰短路,看灯能否熄灭;再用插线将 A 极和 K 极碰短路一下就松开,看灯能否熄灭。

注意:以上使用两种不同的电源时,电路功能有什么不同,为什么?

六、实验结果、分析

(1) 根据测量,标出下列所示各管的管脚。

(2) 按图 36 - 5、图 36 - 6 所示进行的实验中,电路功能有什么不同,为什么?

(3) 按图 36 - 6 所示进行的实验中,如何才能使灯灭掉?

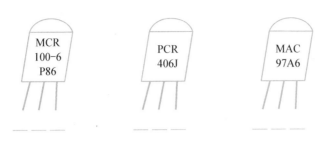

两种调光灯实验电路

一、实验目的

(1) 掌握晶闸管主电路及触发电路的结构;

(2) 会检测电路中使用的元件;

(3) 掌握触发电路的调试方法,会用示波器观察、记录及分析波形。

(4) 掌握晶闸管主电路测试方法,会测量测试点的电压、电流。

(5) 能结合故障现象分析与排除故障原因。

二、实验原理

1. 简单的调光灯电路

图 37-1 所示是一个简单的调光灯实验电路。接通电源时,电源通过 R_P 向电容 C 充电,当 u_C 达到可控硅 VT 的触发电压值时,VT 导通而使灯泡亮。

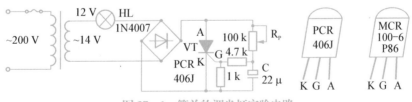

图 37-1 简单的调光灯实验电路

电容 C 的充电时间由 $R_P C$ 决定,调节 R_P,即调节 u_C 达到触发电压的时间。也就是改变了 α 的大小,从而改变了加在灯泡 HL 两端的电压 u。因此,调节 R_P 即可调节灯泡的亮度。

2. 单结管触发的调光灯电路

图 37-2 所示是一个以单结晶体管 BT33 为控制核心的调光灯实验电路。接通电源时,电源通过 R_P 向 C 充电,当 $u_C = U_P$(u_C 为电容两端的电压,U_P 为单结管的峰值电压)时,VD 导通并进入负阻区,其 b_1 极产生触发脉冲 V_G,从而触发单向可控硅 VT 导通而使灯泡亮。

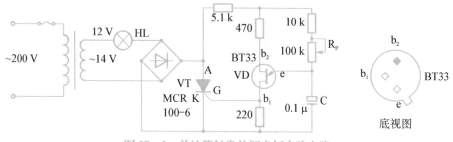

图 37-2 单结管触发的调光灯实验电路

电容 C 的充电时间由 R_PC 决定,调节 R_P,即调节 u_C 达到 U_P 的时间。也就是改变了 α 的大小,从而改变了加在灯泡 HL 两端的电压 u。因此,调节 R_P 即可调节灯泡的亮度。

单结管伏安特性如图 37-3 所示,电路的工作电压波形如图 37-4 所示。

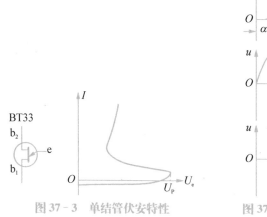

图 37-3 单结管伏安特性

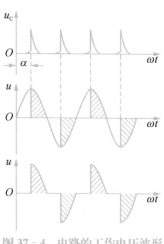

图 37-4 电路的工作电压波形

三、 实验设备与器材

THM-5 型模拟电路实验箱、万用表、示波器、电路元件。

四、 实验内容和步骤

1. 连接电路

根据图 37-1、图 37-2 所示的电路原理图,在实验箱上连接成电路。

2. 调试、测试

(1) 通电调试:慢慢调节电位器 R_P,观察灯泡是否有亮暗变化;若无,则需断电检修,直至正常。

(2) 电路正常工作后,用示波器观察触发电压和控制电压的波形,并予记录。

五、 实验记录

(1) 在简单的调光灯电路如图 37-1 所示中,调节电位器 R_P 到中间位置时,记录:

① 触发电压(电容 C 两端)波形:＿＿＿＿＿＿＿＿＿＿＿＿＿＿＿;

② 控制电压(G 极)波形:＿＿＿＿＿＿＿＿＿＿＿＿＿＿＿＿＿;

③ 灯泡 HL 两端的电压波形:＿＿＿＿＿＿＿＿＿＿＿＿＿＿。

(2) 在单结管触发的调光灯电路中,调节电位器 R_P 到中间位置时,记录:

① 触发电压(电容 C 两端)波形:＿＿＿＿＿＿＿＿＿＿＿＿＿＿＿;

② 控制电压(G 极)波形:＿＿＿＿＿＿＿＿＿＿＿＿＿＿＿＿＿;

③ 灯泡 HL 两端的电压波形:＿＿＿＿＿＿＿＿＿＿＿＿＿＿。

实验三十八
单结晶体管调光灯电路制作

一、 实验目的

(1) 熟悉单结晶体管的工作原理;

(2) 掌握用万用表检测单结晶体管的技能;

(3) 掌握晶闸管主电路及简单触发电路的结构;

(4) 能按工艺要求安装电路并调试;

(5) 能结合故障现象分析与排除故障原因。

二、实验原理

1. 认识单结晶体管

单结晶体管电路符号、直流等效结构,及其外观、管脚,如图 38-1 所示。

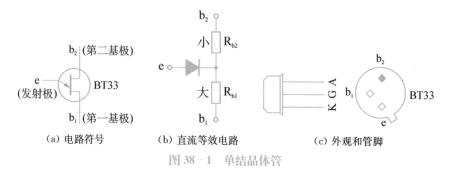

(a) 电路符号 (b) 直流等效电路 (c) 外观和管脚

图 38-1 单结晶体管

(1) 单结晶体管的测量方法如图 38-2 所示,应有

$$R_{b2b1} = 1 \sim 5\,\text{k}\Omega,\ R_{b1} > R_{b2}。$$

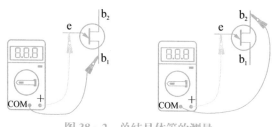

图 38-2 单结晶体管的测量

(2) 按图 38-3 所示接线,测量单结晶体管的伏安特性,其测得的伏安特性曲线如图 38-4 所示。

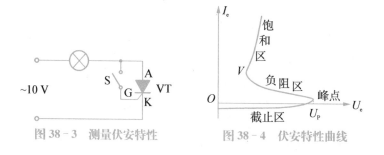

图 38-3 测量伏安特性 图 38-4 伏安特性曲线

A 点的电压为

$$U_A = \frac{R_{b1}}{R_{b1} + R_{b2}} \times U_{bb}。$$

其中,分压比 $\eta = \dfrac{R_{b1}}{R_{b1} + R_{b2}}$,则 $U_A = \eta U_{bb}$。

（3）按图 38-5 所示接线,测量单结晶体管自激振荡信号,结果如图 38-6 所示。

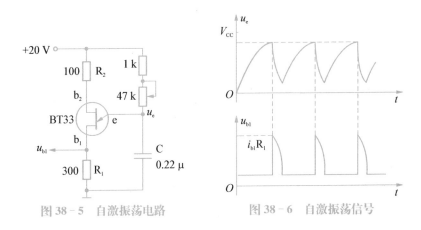

图 38-5　自激振荡电路　　　　　图 38-6　自激振荡信号

2. 单结晶体管的应用

单结管触发的实用调光灯电路,如图 38-7 所示。接通电源时,电源通过 R_P 向 C 充电,当 $u_C = U_P$（u_C 为电容两端的电压,U_P 为单结管的峰值电压）时,VD 导通并进入负阻区,其 b_1 极产生触发脉冲 $V_G = i_{b1}R_3$,从而触发单向可控硅 VT 导通而使灯泡亮。

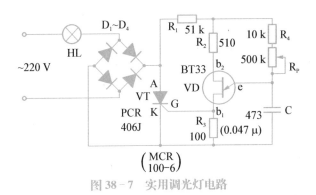

图 38-7　实用调光灯电路

电容 C 的充电时间由 $R_P C$ 决定,调节 R_P,即调节 u_C 达到 U_P 的时间,也就改

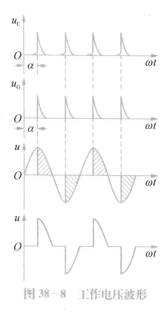

图 38 - 8 工作电压波形

变了 α 的大小,从而改变了加在灯泡 HL 两端的电压 u。因此,调节 R_P 即可调节灯泡的亮度。工作电压波形,如图 38 - 8 所示。

三、 实验设备与器材

通用电路板、电路中的各元件、导线、电烙铁、斜口钳、镊子、焊锡、松香。

四、 实验内容和步骤

1. 焊接电路

(1) 根据直流等效结构,用万用表对晶闸管、单结管检测,分辨管脚,判断是否合格。

(2) 根据电路原理图,自己设计元件布局、布线图(灯泡不放在电路板上)。

(3) 在通用板上插、焊元件和连线,完成整机电路焊接。

2. 工艺要求

(1) 元器件在通用电路板上整体排版均匀(不要太密),管脚长短适中。

(2) 电路板上要引出两个接线柱,便于灯泡和电源的接入。

3. 调试、测试

(1) 安装焊接好后,务必检查电路安全,用万用表检查插头两端有无短路现象。

(2) 通电调试:慢慢调节电位器 R_P,观察灯泡是否有亮暗变化;若无,则需断电检修,直至正常。

注意:对于直接使用 220 V 电源的电路,切不可用示波器观察各电压波形,否则会毁坏示波器。

五、 实验结果、分析

(1) 电路焊接是否完成?

(2) 电路是否实现调光功能?

(3) 在制作过程中,出现什么故障? 如何解决?

附:材料清单

序号	电路标号	名称	型号与规格	单元用量
1	$D_1 \sim D_4$	整流二极管	1N4007	4 只
2	VT	晶闸管	MCR100 - 6	1 只
3	VD	单结晶体管	BT33	1 只
4	R_1	电阻	51 kΩ、1/4 W	1 只
5	R_2	电阻	510 Ω、1/4 W	1 只
6	R_3	电阻	100 Ω、1/4 W	1 只
4	R_4	电阻	10 kΩ、1/4 W	1 只
5	R_P	电位器	500 kΩ、0.25 W	1 只
6	C	电容器	0.047 μF/200 V	1 只
7		通用电路板	7 cm × 5 cm	1 块
8	HL	灯泡(螺口)	5~25 W/220 V	1 只
9		带插头电源线	220 V	1 条
10		螺口灯头	220 V	1 个

实验三十九

双向晶闸管调光灯电路制作

一、实验目的

(1) 掌握万用表检测双向晶闸管的方法;
(2) 熟悉双向晶闸管及双向触发二极管的伏安特性;
(3) 掌握调光灯电路的工作原理;
(4) 能结合故障现象进行故障原因分析与排除。

二、实验原理

1. 主要器件

实验主要器件的外形及直流等效结构,以及伏安特性,如图 39-1~图 39-3 所示。

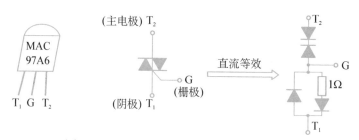

图 39 - 1 双向晶闸管的外形及直流等效结构

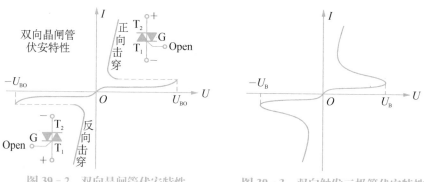

图 39 - 2 双向晶闸管伏安特性   图 39 - 3 双向触发二极管伏安特性

2. 实验电路

由双向晶闸管 VT(双向可控硅)组成的调光灯电路如图 39 - 4 所示,工作电压波形如图 39 - 5 所示。接通电源时,电源通过 R_P 向 C 充电,当 $u_C = U_B$(双向触发二极管 VD 的击穿电压)时,VD 被击穿导通,C 向 VT 的 G 极放电,从而触发 VT 导通而使灯泡亮。

电容 C 的充电时间由 $R_P C$ 决定,调节 R_P,即调节 u_C 达到 U_B 的时间。也就

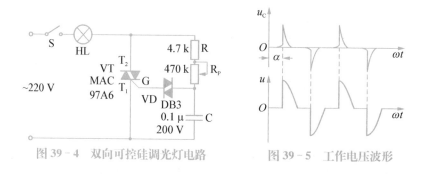

图 39 - 4 双向可控硅调光灯电路   图 39 - 5 工作电压波形

是改变了 α 的大小,从而改变了加在灯泡 HL 两端的电压 u。因此,调节 R_P 即可调节灯泡的亮度。

三、实验设备与器材

通用电路板、电路中的各元件、导线、电烙铁、斜口钳、镊子、焊锡、松香。

四、实验内容和步骤

1. 焊接电路

(1) 根据图 39-1 所示的直流等效结构,使用万用表检测双向晶闸管,分辨管脚,判断是否合格。

(2) 根据电路原理图,自己设计元件布局、布线图(灯泡不放在电路板上)。

(3) 在通用板上插、焊元件和连线,完成整机电路焊接。

2. 工艺要求

(1) 元器件在通用电路板上整体排版均匀(不要太密),管脚长短适中。

(2) 电路板上要引出两个接线柱,便于灯泡和电源的接入。

3. 调试、测试

(1) 安装焊接好后,务必检查电路安全,用万用表检查插头两端有无短路现象。

(2) 通电调试:慢慢调节电位器 R_P,观察灯泡是否有亮暗变化;若无,则需断电检修,直至正常。

注意:对于直接使用 220 V 电源的电路,切不可用示波器观察各电压波形,否则会毁坏示波器。

五、实验结果、分析

(1) 电路焊接是否完成?

(2) 电路是否实现调光功能?

(3) 在制作过程中,出现什么故障? 如何解决?

附:材料清单

序号	电路标号	名称	型号与规格	单元用量
1	VT	双向晶闸管	MAC97A6	1只
2	VD	双向触发二极管	DB3	1只

序号	电路标号	名称	型号与规格	单元用量
3	R	碳膜电阻	1 kΩ、1/4 W	1 只
4	R_P	电位器	470 kΩ、0.25 W	1 只
5	C	涤纶电容	0.1 μF/200 V	1 只
6		通用电路板	7 cm×5 cm	1 块
7	HL	灯泡(螺口)	5～25 W/220 V	1 只
8		带插头电源线	220 V	1 条
9		螺口灯头	220 V	1 个

实验四十

声光控楼道灯电路制作

一、实验目的

(1) 熟练掌握三极管和可控硅的工作原理;

(2) 掌握实际电路的分析技能。

二、实验内容

(1) 学习三极管和可控硅的工作原理;

(2) 制作、分析、维修电子电路。

三、实验电路

图 40-1 所示是一个声光控延时楼道灯电路。

1. 电路功能

(1) 在环境光线强的情况下,不管是有脚步声,还是直接用手触摸金属片,灯泡 LAMP 都不能亮。

(2) 在环境光线暗的情况下,当有人行走的脚步声时,灯泡 LAMP 就会自动点亮,且延时一段时间(约 30 s)后自动熄灭。

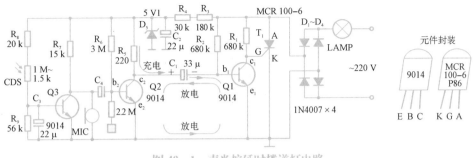

图 40-1 声光控延时楼道灯电路

（3）在环境光线暗的情况下，当用手触摸金属片时，灯泡 LAMP 也会点亮，且延时一段时间（约 30 s）后自动熄灭。

2. 电路工作原理

电路工作原理框图如图 40-2 所示，其控制部分相当于一个开关。当 $V_G \geqslant U_{GT}$（门极触发电压，通常 $U_{GT} \geqslant 3.5\,V$）时，T_1 导通，220 V 电源经灯泡 LAMP、$D_1 \sim D_4$、T_1 形成回路，因此灯泡 LAMP 点亮。

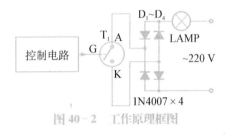

图 40-2 工作原理框图

$D_1 \sim D_4$ 组成桥式整流电路，一个作用是为控制电路提供直流工作电源，另一个作用是使流经灯泡 LAMP 的电流仍是交流电。

3. 电路工作过程

电路通电后，R_2 为 Q1 提供偏置 $V_{be1} > 0.7\,V$，Q1 导通，$V_{ce1} < 3.5\,V$，即 $V_G \leqslant U_{GT}$，T_1 截止，LAMP 不亮。同时，C_1 充电。

实现光控功能的核心器件是 CDS（光敏电阻），其特性是亮阻小、暗阻大（光照时其阻值下降）。光照强时，CDS 呈现低阻值，由 R_8、CDS、R_9 组成的分压电路使 Q3 的 $V_{BE3} > 0.7\,V$，于是 Q3 导通，话筒 MIC 短路。因此，即便有脚步声也不能触发电路使灯泡 LAMP 点亮。

相反，当光线暗时，Q3 截止，MIC 可以工作，这时如果有脚步声，MIC 拾音后把声波信号转换成电信号，该电信号经 C_4 耦合到 Q2 的 B 极，使 Q2 导通，于是 C_1 放电。路径是：C_1 ＋极→C_2 极→e_2 极→e_1 极→b_1 极→C_1 一极，可见 Q1 的 V_{be1} 反偏置，于是 Q1 截止。这时由 R_1 提供电压，使 $V_G \geqslant U_{GT}$，T_1 导通，LAMP 点亮。

随着 C_1 逐渐放完电，由 R_2 提供的偏置使 b_1 极电位逐渐升高，到 $V_{be1} \geqslant 0.7\,V$ 时，Q1 导通，$V_{ce1} < 3.5\,V$，即 $V_G \leqslant U_{GT}$，T_1 截止，熄灭。C_1 的放电时间就

是 LAMP 点亮的持续延时时间(本电路约为 30 s)。

四、 实验设备与器材

通用电路板、电路中的各元件、导线、电烙铁、斜口钳、镊子、焊锡、松香。

五、 实验内容和步骤

1. 焊接电路

(1) 根据电路原理图,自己设计元件布局、布线图(灯泡不放在电路板上)。

(2) 选配电路所需的电子元器件。

(3) 在通用板上插、焊元件和连线,完成整机电路焊接。

2. 工艺要求

(1) 元器件在通用电路板上整体排版均匀(不要太密),管脚长短适中。

(2) 电路板上要引出两个接线柱,便于灯泡和电源的接入。

3. 调试、测试

(1) 安装焊接好后,务必检查电路安全,用万用表检查插头两端有无短路现象。

(2) 通电调试:用纸张遮挡 CDS 的方法,营造环境亮度的亮、暗变化,以击掌代替脚步声,观察灯泡是否有亮、灭变化;若无,则需断电检修,直至正常。

六、 实验结果、分析

(1) 电路焊接是否完成?

(2) 是否实现电路功能?

(3) 在制作过程中,出现什么故障? 如何解决?

(4) 图 40-3 所示是一个触摸延时楼道灯电路,试参考本实验分析其工作过程。

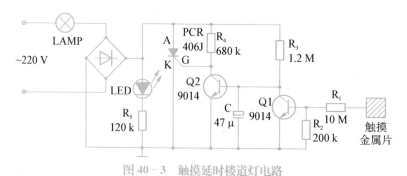

图 40-3 触摸延时楼道灯电路

图书在版编目(CIP)数据

动手做:电工电子实验指导书/符庆编著. —2 版. —上海:复旦大学出版社,
2017.5(2022.12 重印)
ISBN 978-7-309-12953-3

Ⅰ. 动…　Ⅱ. 符…　Ⅲ.①电工技术-实验-高等职业教育-教学参考资料
②电子技术-实验-高等职业教育-教学参考资料　Ⅳ.①TM-33②TN-33

中国版本图书馆 CIP 数据核字(2017)第 090933 号

动手做:电工电子实验指导书(第二版)
符　庆　编著
责任编辑/张志军

复旦大学出版社有限公司出版发行
上海市国权路 579 号　邮编:200433
网址:fupnet@ fudanpress.com　http://www.fudanpress.com
门市零售:86-21-65102580　团体订购:86-21-65104505
出版部电话:86-21-65642845
上海新艺印刷有限公司

开本 787 ×960　1/16　印张 9.5　字数 162 千
2017 年 5 月第 2 版
2022 年 12 月第 2 版第 3 次印刷

ISBN 978-7-309-12953-3/T·600
定价:19.00 元